多変量解析へのステップ

長畑秀和　著

共立出版株式会社

はしがき

この冊子は，多変量のデータを統計的に処理する手法について解説しています。1章では多変量解析の全般的な入門と，記号，等の使用法・意味，更には行列などの数学的な準備について少し述べています。詳しくは線形代数の本を参照してください。2章では回帰分析，3章では主成分分析，4章では判別分析，5章では表計算ソフトの利用について述べています。著者の浅学にもよりますが，因子分析，正準相関分析，数量化法，クラスター分析，共分散構造分析法など多くの多変量解析法については述べていません。この冊子が導入となり，この後，興味を持たれて勉強されたら，と思います。

多変量のデータを解釈する1つの方法としては，少数個の総合的に表す量に次元を落とす (縮約する) ことがあります。その量を合成変量 (f) として，どのように決めたらいいか，また解釈するかが課題となります。この量が，回帰直線，主成分，判別関数，共通因子，正準変量等になります。

また，表計算ソフトである MS-Excel(以下，Excel と表記する) を利用して，講義・学習をすすめることを念頭にいれて書いています。そこで講義をされるときは，手法について簡単な解説をされた後，例題を中心に実習形式ですすめていただければと思います。また個人で学習される場合も，主に例題についてコンピュータを利用しながら読み進めていただければと思います。そこでこの本では，具体的な例題を多く取り入れ，解説には途中計算を補助表として示しています。これは Excel で実行して，途中計算を確認しながらすすめることができるようにしたためです。Excel の簡単な機能・使用法については，5章に書いてあります。特に，多変量解析では行列計算を利用しますので，読み進めながら，必要に応じて5章を参照して下さい。また，対称行列の固有値・固有ベクトルを求めるため，Excel に付属したプログラミング機能をもつ VBA を利用しています。そこで，VBA の利用方法についても少し述べています。

本文で用いられる添え字について，大体，m 個の群 (母集団) の中の $h(=1,\cdots,m)$ は群番号，n 個のサンプル (個体) の中の $i(=1,\cdots,n)$ はサンプル番号，p 個の変数 (変量) の中の $j(=1,\cdots,p)$ または $k(=1,\cdots,p)$ は変数番号を表すように用いています。

数値表は，拙著の「統計学へのステップ」を参照していただければと思います。棄却値などの数値は，Excel の関数で引いていただければと思います。ただ，統計数値表と比較して誤差があるところがあります。端の方の限られた値ですので，注意してください。また，例では計算途中で，桁数を制限して計算して表示を行なっていますので，Excel でそのまま計算する場合と少しずれている場合がありますので，注意してください。本文中で ∗ 印のついた章, 節はやや発展的内容ですので，必要に応じてお読みください。思わぬ思い違いがあるかもしれません。また，解釈も不十分な個所もあると思いますが，意見をおよせください。より改善していきたいと思っております。

日常的にいろいろと本書についてご助言くださった森田築雄氏 (美作女子大学) に，この場を借りてお礼申しあげます。また，多変量解析の講義をもつきっかけを与えて下さり，本 [24] を参考にさせていただいた永田 靖氏 (早稲田大学) に感謝いたします。紙屋英彦氏 (岡山大学) には，有益なコメントをいただきました。有難うございました。本の体裁など本の出版にあたって，多くのことを共立出版 (株) の波岡章吉, 村山松二の両氏に教えていただきました。また細部にわたって校正をしていただき, 大変お世話になりました。心より感謝いたします。なお, 表紙のデザインのアイデア及びイラストは川上綾子さんによるものです。最後に, 日頃，いろいろと励ましてくれた家族に一言お礼をいいたいと思います。

2001 年 8 月

長畑　秀和

目　次

はしがき i
記号，等 vi

1章　導　入

1．1　多変量解析法とは 1
1．2　多変量解析法の分類 5
　1．2．1　目的変数と説明変数 5
　1．2．2　手法の分類 7
1．3　データのまとめ方 10
　1．3．1　データのベクトル・行列表現 10
　1．3．2　基本的な統計量と合成変量 15
　1．3．3　基本となる分布 26
1．4　相関分析 29
　1．4．1　相関分析とは 29
　1．4．2　相関係数に関する検定と推定 32

2章　回帰分析

2．1　回帰分析とは 41
2．2　単回帰分析 42
　2．2．1　繰り返しがない場合 42
　2．2．2　*繰り返しのある単回帰分析 63
2．3　重回帰分析 69
　2．3．1　重回帰モデル 69
　2．3．2　あてはまりの良さ 77
2．4　*回帰に関する検定と推定 85
　2．4．1　分　布 87
　2．4．2　いろいろな検定・推定 87
2．5　*回帰診断 96

2．5．1　残差分析 96
2．5．2　感度分析 100
2．5．3　多重共線性の検出 101
2．6　*説明変数の選択 102
2．6．1　変数選択の手順 104
2．6．2　変数選択の判断基準 105

3章　主成分分析

3．1　主成分分析とは 106
3．2　主成分の導出基準 106
3．2．1　分散最大化の考え方 108
3．2．2　回帰分析と主成分分析の相違 114
3．3　主成分の導出と実際計算 115
3．3．1　主成分の導出 115
3．3．2　実際の解析例 122

4章　判 別 分 析

4．1　判別分析とは 133
4．2　２群での判別 136
4．2．1　判別方式１ 136
4．2．2　判別方式２ 143
4．2．3　*判別方式３ 147

5章　表計算ソフトの利用

5．1　表計算ソフト Excel の機能 158
5．1．1　データ入力と保存 158
5．1．2　計　算 159
5．1．3　グラフ作成 160
5．1．4　分析ツールの利用 161
5．1．5　関数の利用 163
5．2　VBA の利用 166

5．2．1　VBE の起動と終了 ……………………………166
5．2．2　マクロ (プロシージャ) の記述 ……………………167
5．2．3　VBA によるプログラミング ……………………169
5．2．4　VBA(マクロ) の利用 ……………………………170
5．3　表計算ソフト Excel の適用 ……………………………173
5．3．1　基本統計量等の計算 ……………………………173
5．3．2　本文中の例での計算 ……………………………175

参考文献 ……………………………………………………184
演 略 解 ……………………………………………………185

索　　引 ……………………………………………………189

記号，等

以下に，この冊子で利用される文字，記号などについて載せておきます。

① $\sum$(サメンション) 記号は普通，添え字とともに用いて，その添え字のある番地のものについて，$\sum$ 記号の下で指定された番地から $\sum$ 記号の上で指定された番地まで足し合わせることを意味する。

[例]　• $\sum_{i=1}^{n} x_i = x_1 + x_2 + \cdots + x_n$

② ギリシャ文字などについて

表　ギリシャ文字の読みと用途

記 号	読 み	主な用途	記 号	読 み	主な用途
α	アルファ	有意水準	ν	ニュー	自由度
β	ベータ	第 2 種の誤り	ξ	クサイ	
γ	ガンマ	共通変動	o	オミクロン	
δ	デルタ	母数の差	π	パイ	
ε	イプシロン	誤差	ρ	ロー	母相関係数
ζ	ゼータ	相関係数の変換	σ	シグマ	σ^2 で分散
η	イータ	回帰での母数	τ	タウ	相関係数 (Kendall)
θ	テータ	母数全般	υ	ウプシロン	
ι	イオタ		ϕ	ファイ	自由度
κ	カッパ	尖り	χ	カイ	
λ	ラムダ	母欠点数	ψ	サイ	
μ	ミュー	母平均	ω	オメガ	

なお，ζ をツェータ，θ をシータ，ξ をグザイ，ψ をプサイと読むことも多い。

• $\widehat{\ }$ (ハット) 記号は $\widehat{\mu}$ のように用いて，μ の推定量を表す。

③ 基本統計量

• $\boldsymbol{S}$(エス)：偏差積和行列，• $\boldsymbol{V}$(ブイ)：分散 (共分散) 行列，• $\boldsymbol{R}$(アール)：相関行列

④ 確率変数と期待値

確率に基づいて実数の値をとる変数を**確率変数** (random variable) といい，そのとる値と確率の全体の組を**確率分布** (probability distribution) という。

確率変数 X の**期待値**は，次のように離散型と連続型で分けて定義される。

$$E(X) = \begin{cases} \displaystyle\sum_{x_i} x_i p(x_i) & : X \text{ が確率関数 } p(x_i)(i = 1, \cdots, n) \text{ をもつ (離)} \\ \displaystyle\int_{-\infty}^{\infty} x f(x) dx & : X \text{ が密度関数 } f(x)(-\infty < x < \infty) \text{ をもつ (連)} \end{cases}$$

1章　導　入

1.1　多変量解析法とは

処置・推測したい対象を**母集団** (population) という。例えば, 製造者が缶ジュースの中身の重量を調べたいとき，缶ジュースの缶への中身注入ラインで注入された缶ジュース, ブラウン管に疵（きず）がないか調べるとき, 電器工場のブラウン管製造ラインで製造されたブラウン管, 国民の内閣支持率を調べたいときの調査を行う国民などは，母集団である。母集団は，その構成要素が有限の場合，**有限母集団** (finite population), 構成要素が無限の場合，**無限母集団** (infinite population) という。その母集団の要素について，全部調べる (全数検査) には時間・労力・費用等の問題があり, 実際にはいくつかの**サンプル** (sample : 標本, 試料, 個体) を採（と）る。この採ることを**サンプリング** (sampling) といい, 採るサンプルの個数を**サンプルの大きさ** (size : サイズ) とか，**サンプル数**という。そのサンプルについて，観測・測定することにより数値化・文字化・画像化などを行い, 扱いやすい**データ** (data) とする。これを後述の事柄も含めて図式化すると，図 1.1 のようになろう。

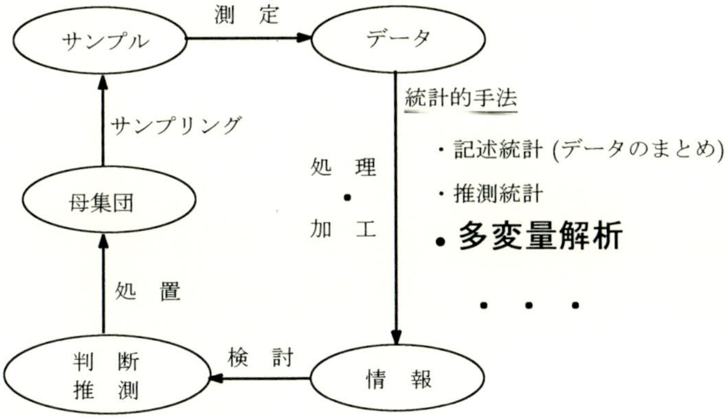

図 1.1　母集団からの情報

次に，データを処理・加工することにより，我々が客観的に判断しやすいものにすることに，統計的手法が大変役に立つのである。このときデータの平均・分散を求めたり，グラフにしたりしてまとめる**記述統計**から，仮説を立てて検証したり，推定する**推測統計**がある。多変量解析はデータが多次元であるデータを処理・加工する統計的手法で，様々な手法が開発されている。この処理・加工されたデータにより我々は情報をえて，母集団について判断 (推測) をし，処置・予測などの行動をとるのである。

（1）測定とデータ

サンプルを測定することでデータが得られるが，実際のデータを x とすると，誤差をもつ。ここに誤差はデータと真の値との差であり，この誤差を信頼性 (reliability)，偏り (bias)，バラツキ (dispersion) の面から眺めることができる。信頼性は誤差に規則性があることで，データに再現性があることを意味している。偏りについては，データを x，その期待値を $E[x]$，真の値を μ，誤差 (error) を ε(イプシロン) とすると

$$\underbrace{\varepsilon}_{\text{誤差}} = \underbrace{x}_{\text{データ}} - \underbrace{\mu}_{\text{真の値}} = \underbrace{(x - E[x])}_{\text{バラツキ}} + \underbrace{(E[x] - \mu)}_{\text{カタヨリ}} \tag{1.1}$$

と分解される。そこで，図 1.2 のようになる。このように誤差を分けて解釈するとき，式 (1.1) の右辺第 2 項が**カタヨリ**である。この偏りがないこと (不偏性) が望ましい。更にバラツキが式 (1.1) の第 1 項で，小さいことが望まれ，これを評価するものとしては，よく使われるものに分散 (variance) がある。それはバラツキの 2 乗の期待値　$\sigma^2 = E[x - E[x]]^2$　である。

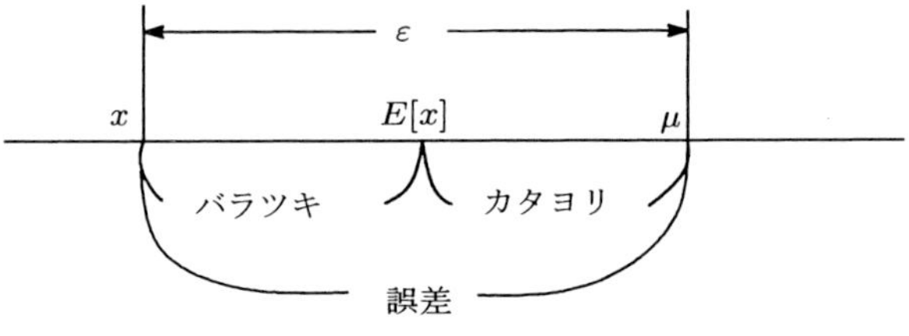

図 1.2　誤差の分解

統計でよく扱われるデータの種類には, **質的 (定性的) データ**と**量的 (定量的) データ**がある。質的データは対象の属性や内容を表すデータで言葉や文字を用いて表されることが多い。そして, 質的データには, 単なる分類の形で測定される**名義尺度** (nominal scale, 分類尺度) があり, 性別, 職業, 未婚・既婚, 製品の等級などを表すために用いられる。分類のカテゴリーに数値をつけても四則演算は意味がない。また, ある基準に基づいて順序付けをし, 1 位, 2 位, 3 位, ⋯ などの一連の番号で示す場合の質的データを**順序尺度** (ordinal scale) という。好きな歌手の順位のデータ, 成績のデータの良い順などである。量的なデータはそのものの量・大きさを表すもので, 連続の値をとる場合, **連続 (計量) 型データ**ともいわれる。また個数を表すようなとびとびの値をとる場合, **離散 (計数) 型データ**といわれる。そして, 数値の間隔が意味をもち, 原点が指定されていない尺度を**間隔 (距離) 尺度** (interval scale, 単位尺度) という。偏差値, 知能指数などがそうである。また, **比例 (比率) 尺度** (ratio scale) は, 普通の長さ, 重さ, 時間, 濃度, 金額など四則演算ができるもので, 尺度の原点が一意に決まっている。このような分類から, データは図 1.3 のようにまとめられる。

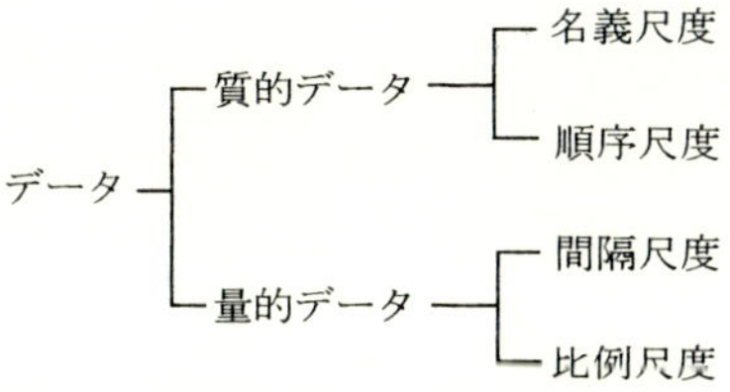

図 1.3　データの分類

データはそのまま使うのでなく, 変換をすることによりデータの分布を正規分布に近づけたり, 分散の安定化を計ったり, データの範囲を広げたりしたのち利用することも行われている。そうすることで, データをその後の解析手法にあったものにし, より扱いやすいものにするのである。

（2） 多変量解析の手法

次に, 多変量解析の手法としては以下のように様々な手法があり, 各手法はどのようなもので, どのような解析に使われるかの概略をのべておこう。

① **(重) 回帰分析** ある結果 (特性) を，その要因となる変数で予測・説明したいときに用いる。

② **判別分析** いくつかのグループに分かれているとき，得られたデータがどのグループに属すかを判別するために用いる。

③ **主成分分析** 多くの量的変数 (特性) で表されるデータの集まりを，少数の合成した変数 (代表する特性) で表すときに用いる。

④ **因子分析** 多くの量的変数が，少数の潜在的な変数 (因子) で説明されると仮定されるときに，その潜在的因子をみつけるために用いる。

⑤ **クラスター分析** 個々のサンプルを，ある近さを測る量によって位置づけ，近いもの同士を集めて 1 つの集落 (クラスター) を作ることで，全体のサンプルをいくつかの集落にまとめるために用いる。

⑥ **数量化 I 類** 質的なデータで量的な特性を説明・予測するための手法で，重回帰分析の特殊な場合とみなせる。

⑦ **数量化 II 類** 質的なデータで質的なデータの特性を説明・予測するための手法で，判別分析の特殊な場合とみなせる。

⑧ **数量化 III 類** 2 つの変数群がいずれも質的データのとき，相関が高くなるようにそれぞれの群に数値を与え，データを分類して解釈する方法。

⑨ **数量化 IV 類** 個体間の類似度または非類似度に基づいてサンプルを位置づける方法で，多次元尺度法の特殊な場合とみなせる。

⑩ **正準相関分析** 多くの変数から 2 つの変数の集まりを構成して，それら 2 つの変数の集まりの関係を分析するために使う。

⑪ **潜在構造分析** いくつかのクラスがある潜在的な因子によって分類されるとき，その要因を解析するために用いる。

⑫ **共分散分析** 特性の変動を要因となる変数で制御し，グループ間の違いを解析するために用いる。回帰分析と分散分析とが組み合わされた手法。

⑬ **多次元尺度解析法** サンプル間の類似性あるいは非類似性に基づいて，背後にある構造をわかりやすい形で表現する手法である。

⑭ **多変量グラフ解析法** 多次元のデータを，直感的に分かりやすくグラフに表現するための様々な手法。

⑮ **パス解析**　変量間の相関によって因果関係の検討を行うもので，パスダイアグラム (パス図) を描きながら解析していく手法。潜在変数を扱わないところが，一般的な共分散構造分析と異なる。なお，パス図は方程式モデルの情報をそのまま保存でき，以下のような規則にしたがって描いた図である。

・観測変数は四角形で囲む。

・構造的な潜在変数は楕円で囲む。

・誤差変数は円で囲む。影響を与える変数から，与えられる変数に矢印を書き，矢印に因果の影響力を示す数値を付与する。

・共変動を示す 2 つの外生変数に因果関係を仮定しないとき，双方向の矢印を書き，矢印に共分散 (または相関) を示す数値を付記する。

⑯ **共分散構造分析**　直接には観測できない潜在変量の変量間，および観測変数との因果関係をパス図等によって把握するための統計的手法である。その意味で，因子分析と回帰分析を一体にした分析法である。

1.2　多変量解析法の分類

1.2.1　目的変数と説明変数

例えば，味が良く，値段も手頃で，量も適当なのでラーメン屋 A は繁盛しているということを考えると，繁盛する度合いが評価する事柄で，味・値段・量などが要因となっている。また，栗まんじゅう，麦せんべい，いちご大福，おかき巻きやケーキなどのお菓子の売上げが多いという事象は味，値段で決定されるといったとき，売上げ高などの (結果系の) 事象を**目的変数** (criterion variable)，従属変数，外生変数といい，対応してそれを決定する (原因系の) 要因を**説明変数** (explanatory variable)，独立変数，内生変数という。ある (結果系の) 特性を決定づける要因を列挙・整理するのに役立つ手法に特性要因図がある。以下の例で，具体的に作成してみよう。

例 1-1　食料品を主体とするスーパーの売上げ高についての特性要因図を作成せよ。

[解]　次のように大きい要因から逐次，小さな要因へと調べていく。

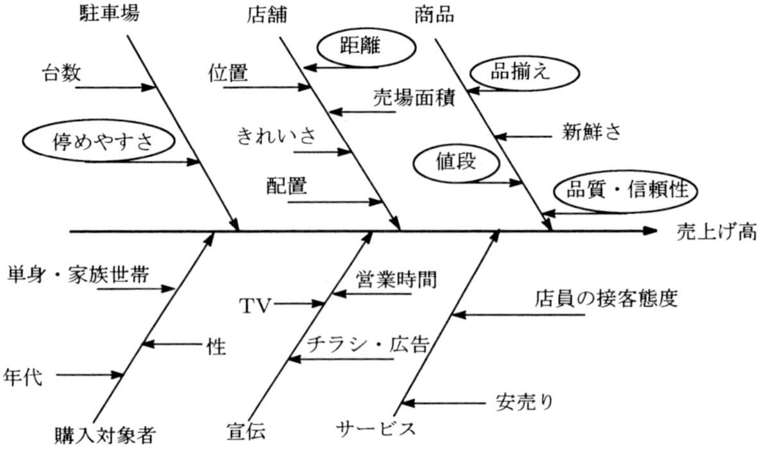

図 1.4 スーパーの売上げ高を特性とする特性要因図の例

手順 1　ブレーンストーミング (お互いに批判することなく，自由に意見を述べあうこと) 等により，スーパーの売上げに影響すると思われる要因をすべて列挙する。

スーパーで日常的に買い物をしているのは主婦が多い。そこで主婦にアンケートなどにより訊くことで，要因を調べるのが良いだろう。

手順 2　要因をカードなどに記入しておき，ある大きなまとまりごとに分類し，それらのまとまり別に，大きな要因として大骨を構成する。

ハード面では，場所, 交通の便, 駐車場の広さ, 店の規模, 店のきれいさ, 商品の配置, 店内の照明等が考えられる。またソフト面として，店員さんの接客態度, レジの処理スピードなどが考えられる。また品物自体については，品揃え, 新鮮さ, 品質 (信頼性, 添加物の有無等), 値段などがある。また，消費者自体の世代, 要求に合っているかも検討要因に考えられよう。

手順 3　大骨ごとに整理し，更に小さな要因を小骨として整理していく。魚の骨グラフとして，図に同時に描く。

ここでは，位置, 規模, 駐車場, 品揃え, 値段, 品質等を大骨として図をかく。

手順 4　特に効果がありそうな要因をいくつかしぼって丸などで囲み，印をつけていく。

ここでは特に食料品自体の品質・信頼性, 値段, 品揃え, スーパーの家からの距離, 駐車場の停めやすさなどが重要要因だと思われるので，丸で囲む。

手順 5 これらの要因について，今後調査する計画 (データ収集など) の検討を行う。

具体的に，調査対象を主婦として同一地区のいくつかのスーパーに関して，品質, 値段, 品揃えなどに着目してアンケート調査などを行ってみる。

この結果が，図 1.4 のようになる。 □

製品を作る工程 (工場) などで普通とりあげられる要因には，**4M1H**(ヨンエムイチエイッチ) といわれるものがある。4M は，Machine(機械),Material(原料),Man(人),Method(手段) の頭文字をとり，H は How(仕方:どのように) の頭文字をとったものである。1 つの目安として覚えておくと良いだろう。また，工場等では不良品等の発生要因を調べるなど，否定的な特性を取り上げる場合が多い。交通事故などの発生を押さえる場合もなぜ起きるか，どうすれば削減できるかなど，否定的な特性を取り上げ，改善方向を目指す場合が多い。

演 1-1 各自，特性を決めて，特性要因図を作成せよ。例えば，栗まんじゅうの売上げ高に影響が大きい要因は何だろうか。また，本の売上げに影響を及ぼす要因は何だろうか。

このように売上げ高のような目的 (基準) 変数で，評価対象となる変数がある場合の**外的基準**がある場合と，評価対象となる変数がない場合，つまり外的基準がない場合がある。

1.2.2 手法の分類

実際に多変量解析の手法を分類するにあたっては，次のようなデータ, 変数の性質, 数に着目して分類される。① 目的変数があるかないか。② 説明変数が計数型か計量型か。③ 説明変数，目的変数のそれぞれに含まれる変数の個数はいくらか。④ 潜在変量があるか。

そしてこれらの基準で分類すると，図 1.5 のように分類されるだろう。

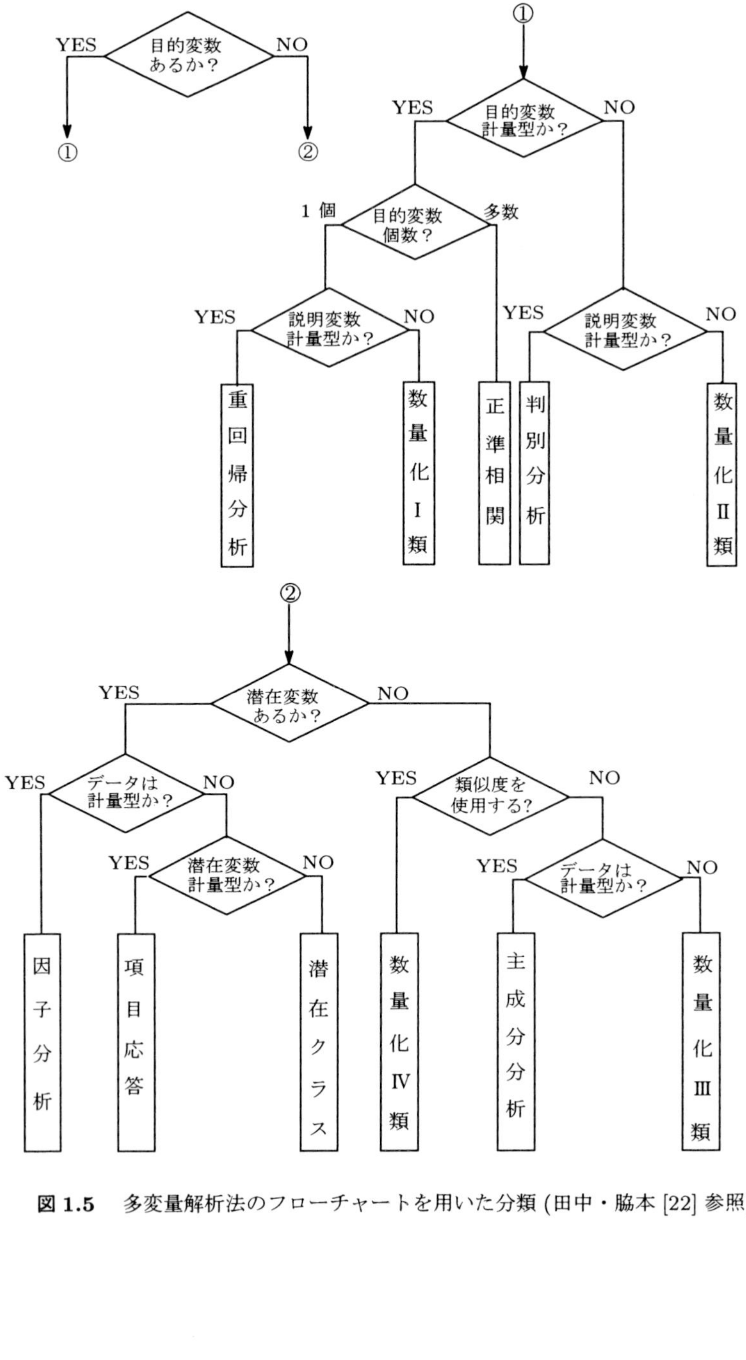

図 1.5 多変量解析法のフローチャートを用いた分類 (田中・脇本 [22] 参照)

図 1.5 の左上のように，まず，目的とする特性がある場合とない場合で大きく分かれる。そして，目的変数である評価となる関数があるときは，それが連続的な値をとる (計量的) か，離散型かによって分かれる。計量型のときには，更に目的変数が 1 個で説明変数も計量型のとき，重回帰分析となる。説明変数が計数型のときには，数量化 I 類が適用される。目的変数が 2 個以上のときには，正準相関分析が適用される。また目的変数が計数型の場合には，説明変数が計量型のときに，判別分析が適用され，説明変数が計数型のときには，数量化 II 類が適用される。なお目的変数がない場合，潜在変量がある場合とない場合に分かれ，ある場合，潜在変量で説明される変量が計量型である因子分析と計数型で，さらに潜在変量が計量型の項目応答理論と潜在変量が計数型の潜在クラス分析などに分類される。潜在変量がない場合，類似度データに基づく数量化 IV 類と，基づかない場合で計量型変量を扱う主成分分析と，計数型変量を扱う数量化 III 類に分かれる。

表 1.1　利用目的による手法の分類

利用目的	解析手法	対応する章
要因解析 ・予測	(重) 回帰分析 数量化 I 類 正準相関分析 パス解析 共分散構造分析	2 章
判別の 要因解析	判別分析 数量化 II 類	4 章
変数の 潜在因子 探索	因子分析 潜在クラス分析 項目応答理論 共分散構造分析	
総合指標の構成	主成分分析	3 章
データの分類	クラスター分析 数量化 III 類 数量化 IV 類	

次に，これらの手法が実際に適用されるとき，利用目的に応じてどのように分類されるか考えてみよう。まず，ある特性があってその要因解析・予測をする場合には重回帰分析，数量化 I 類，正準相関分析などが考えられ，製品の等級分けなどで分類される要因解析では判別分析，数量化 II 類などが利

用される。多数の変量間の相関関係を調べ，それらを説明する少数の潜在因子を知りたい場合には因子分析，潜在クラス分析，項目応答理論が用いられる。多数の変量から総合的な指標を構成をしたい場合には，主成分分析が利用される。また，データを分類したいときクラスター分析，数量化Ⅲ類，数量化Ⅳ類などが利用される。まとめると，表 1.1 のようになる。

なお実際にデータをとったり，まず整理する段階で使われる手法に QC7 つ道具 (略して Q7（キューナナ）)，新 QC7 つ道具 (略して N7（エヌナナ）) などがある。

Q7 は，

① グラフ　② パレート図　③ 特性要因図　④ チェックシート
⑤ ヒストグラム　⑥ 散布図　⑦ 管理図

をいう。

また，N7 は，

① 連関図法　② 親和図法　③ 系統図法　④ マトリックス図法　⑤ マトリックス・データ法　⑥ PDPC 法　⑦ アローダイヤグラム法

をいう。

詳しくは，新 QC 七つ道具編 [17], 細谷 [27] を見られたい。

1.3　データのまとめ方

1.3.1　データのベクトル・行列表現

サンプル (標本，個体，人，試料，測定対象) を測定する項目について，測定・観測することでデータが得られる。そして，各サンプルを上から下方向に縦に並べて各サンプルごとに**行** (row) とし，測定する項目 (変量または変数) を左から右へと並べて各項目ごとに**列** (column) とし，交叉（こうさ）する位置にデータ (測定値) を並べたものを**データ行列** (プロフィールデータ) という。サンプル数 (サイズ) を n，測定項目の数を p とし，i 番目のサンプル (個体) の測定項目 $j(x_j)$ に関するデータを x_{ij} で表すと，表 1.2 のように表記される。

ここに，$x_{i\cdot}=\sum_{j=1}^{p}x_{ij}$，$x_{\cdot j}=\sum_{i=1}^{n}x_{ij}$ かつ $x_{\cdot\cdot}=\sum_{i=1}^{n}\sum_{j=1}^{p}x_{ij}$ である。添え字の・(ドット) は，その・のある位置の添え字について和をとる (足す) こと

を意味する。

表 1.2 データ行列

変量 / サンプル	x_1	x_2	$\cdots$	x_j	$\cdots$	x_p	計
1	x_{11}	x_{12}	$\cdots$	x_{1j}	$\cdots$	x_{1p}	$x_{1\cdot}$
$\vdots$	$\vdots$	$\vdots$	$\ddots$	$\vdots$	$\ddots$	$\vdots$	$\vdots$
i	x_{i1}	x_{i2}	$\cdots$	x_{ij}	$\cdots$	x_{ip}	$x_{i\cdot}$
$\vdots$	$\vdots$	$\vdots$	$\ddots$	$\vdots$	$\ddots$	$\vdots$	$\vdots$
n	x_{n1}	x_{n2}	$\cdots$	x_{nj}	$\cdots$	x_{np}	$x_{n\cdot}$
計	$x_{\cdot 1}$	$x_{\cdot 2}$	$\cdots$	$x_{\cdot j}$	$\cdots$	$x_{\cdot p}$	$x_{\cdot\cdot}$

例 1-2 次の 5 人の学生 (サンプル，個体) の身長，体重，足のサイズ，胸囲 (変量，測定項目) について，データ行列に表してみよ。

北山太郎：身長 172cm，体重 60kg，足のサイズ 27cm，胸囲 83cm
青森次郎：身長 169cm，体重 63kg，足のサイズ 26cm，胸囲 87cm
岩手三郎：身長 183cm，体重 76kg，足のサイズ 27.5cm，胸囲 95cm
秋田一郎：身長 170cm，体重 68kg，足のサイズ 26.5cm，胸囲 93cm
宮城太郎：身長 168cm，体重 56kg，足のサイズ 25cm，胸囲 80cm

[解] **手順 1** サンプルを行，変量を列方向とし，それぞれ番号付け (添え字を充てる) を行い，表 1.3 のようにする。

表 1.3 データ表

変量 / サンプル No.	身長 x_1	体重 x_2	足のサイズ x_3	胸囲 x_4	計
1	172	60	27	83	−
2	169	63	26	87	−
3	183	76	27.5	95	−
4	170	68	26.5	93	−
5	168	56	25	80	−
計	$x_{\cdot 1} = 862$	$x_{\cdot 2} = 323$	$x_{\cdot 3} = 132$	$x_{\cdot 4} = 438$	−

手順 2 行ごとに $x_{i\cdot}$，列ごとに $x_{\cdot j}$ を意味がある場合，計算し記入する。 □

演 1-2 次の生徒 (A,B,C,D) の英語，数学，国語の成績をプロフィールデータ行列で表してみよう。

A： 英語 85，数学 94，国語 67　　B： 英語 92，数学 73，国語 88

C： 英語 76，数学 83，国語 71　　D： 英語 66，数学 86，国語 91

表 1.2 のデータ行列で各列を**列 (縦) ベクトル**，各行を**行 (横) ベクトル**という。

そこで，測定項目 j(変量 x_j) については，$\boldsymbol{x}_j = \begin{pmatrix} x_{1j} \\ x_{2j} \\ \vdots \\ x_{nj} \end{pmatrix}_{n\times 1}$ を**第 j 列ベクトル**といい，i 番目のサンプル (個体) について $\boldsymbol{x}^i = (x_{i1}, x_{i2}, \cdots, x_{ip})_{1\times p}$ を**第 i 行ベクトル**という。元の行列の i 行 j 列にある (i,j) 成分を (j,i) 成分とした行列を元の行列の**転置行列**といい，右肩に T をつけて表すことにする。右肩に $'$(プライム) または左肩に t(transpose) をつけて表す本も多いが，他の表記と区別するためこのようにする。そこで，列 (行) ベクトルの転置は行 (列) ベクトルになる。実際，列ベクトル $\boldsymbol{x}_j$(変量 x_j) については，

$\boldsymbol{x}_j = \begin{pmatrix} x_{1j} \\ x_{2j} \\ \vdots \\ x_{nj} \end{pmatrix} = (x_{1j}, x_{2j}, \cdots, x_{nj})^T$ と表される。また，行ベクトル $\boldsymbol{x}^i$

(i サンプル) は，$\boldsymbol{x}^i = (x_{i1}, x_{i2}, \cdots, x_{ip}) = \begin{pmatrix} x_{i1} \\ \vdots \\ x_{ip} \end{pmatrix}^T$ と表される。図 1.6 のように，太字のアルファベットは普通，列ベクトルを表し，上付きの添え字をもつものは行ベクトル，下付きの添え字をもつものは列ベクトルを表すとする。

[具体例]

$$(1\quad 2\quad 3)^T = \begin{pmatrix} 1 \\ 2 \\ 3 \end{pmatrix}, \qquad \begin{pmatrix} 1 & 2 & 3 \\ 4 & 5 & 6 \end{pmatrix}^T = \begin{pmatrix} 1 & 4 \\ 2 & 5 \\ 3 & 6 \end{pmatrix}_{\square}$$

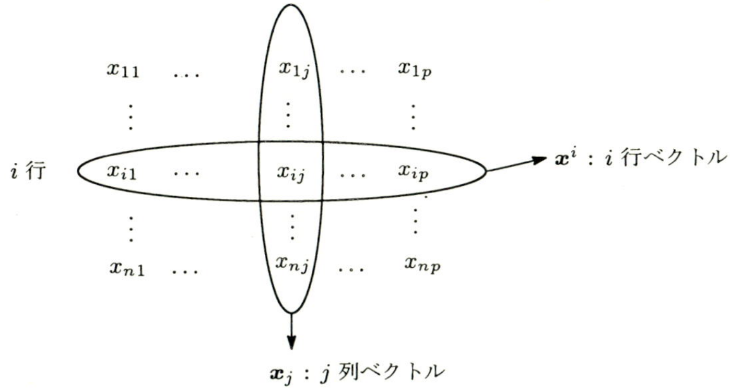

図 1.6　行ベクトルと列ベクトル

2 つのベクトル $\boldsymbol{x} = (x_1, \cdots, x_p)^T$ と $\boldsymbol{y} = (y_1, \cdots, y_p)^T$ の**積**は，次のように 同じ位置の成分同士の積の和 で定義される。

$$(1.2)\qquad \boldsymbol{x}^T\boldsymbol{y} = (x_1, \cdots, x_p)_{1\times p}\begin{pmatrix} y_1 \\ \vdots \\ y_p \end{pmatrix}_{p\times 1} = x_1y_1 + \cdots + x_py_p$$

一般の行列同士の積については，線形代数の本を参照されたい。

次に，ベクトル $\boldsymbol{x} = (x_1, \cdots, x_p)^T$ の**長さ**は 記号 $\|\cdot\|$ を用いて

$$(1.3)\qquad \|\boldsymbol{x}\| = \sqrt{\boldsymbol{x}^T\boldsymbol{x}} = \sqrt{x_1^2 + \cdots + x_p^2}$$

と定義される。そこで 2 つのベクトル $\boldsymbol{x} = (x_1, \cdots, x_p)^T$ と $\boldsymbol{y} = (y_1, \cdots, y_p)^T$ の距離は $\|\boldsymbol{x} - \boldsymbol{y}\|$ である。なお，$\boldsymbol{x} - \boldsymbol{y} = (x_1 - y_1, \cdots, x_p - y_p)^T$ である。

定義

内積 (inner product) が記号 (,) を用いて

$$(1.4)\qquad (\boldsymbol{x}, \boldsymbol{y}) = \boldsymbol{x}^T\boldsymbol{y} = x_1y_1 + \cdots + x_py_p = \|\boldsymbol{x}\|\cdot\|\boldsymbol{y}\|\cos\theta$$

つまり，$\boldsymbol{x}$ の長さ $\|\boldsymbol{x}\|$ と $\boldsymbol{y}$ の $\boldsymbol{x}$ 上への正射影 $\|\boldsymbol{y}\|\cdot\cos\theta$ の積 で定義され

る。逆に，$\boldsymbol{y}$ の長さ $\|\boldsymbol{y}\|$ と $\boldsymbol{x}$ の $\boldsymbol{y}$ 上への正射影 $\|\boldsymbol{x}\|\cdot\cos\theta$ の積とも考えられる。以下の図 1.7 を参照されたい。ただし，$\overset{\text{テータ}}{\theta}$ はベクトル $\boldsymbol{x}$ と $\boldsymbol{y}$ の間のなす角度である。その他，行列に関して，詳しくは線形代数の本を参照されたい。

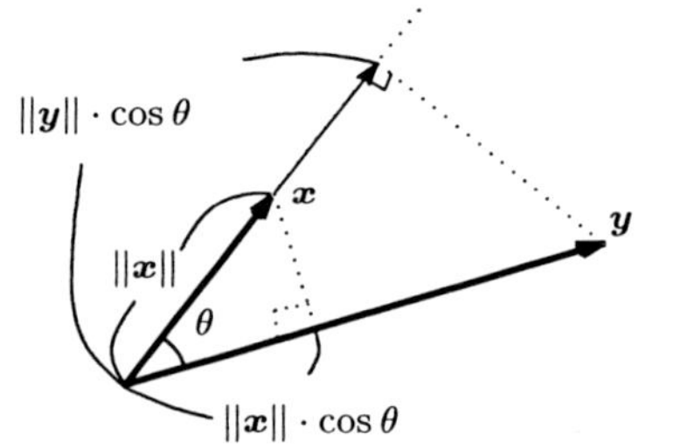

図 1.7　ベクトルの内積

一般に変量を次元にとり，p 次元のユークリッド空間 $\boldsymbol{R}^p$ に i サンプルの点 $\boldsymbol{x}^i=(x_{i1},\cdots,x_{ip})(i=1,\cdots,n)$ があるとき，それらの点をどのようにみるか (解釈するか) が多変量解析といえる。以下のように図 1.8 で，点をまとまりに分類したり，平面，直線などの低次元の空間に射影したりして眺めるわけである。

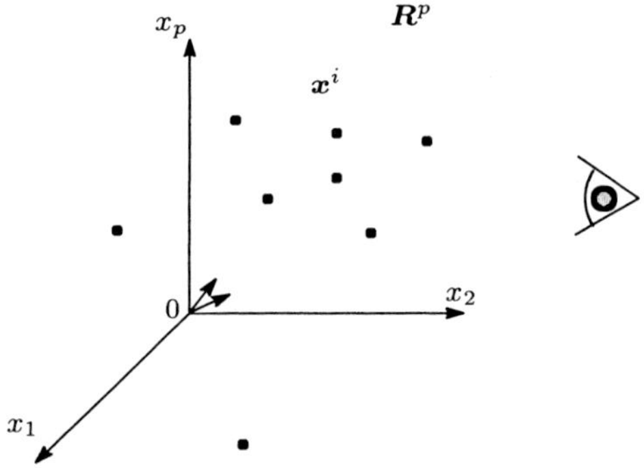

図 1.8　p 次元データを眺める

以下，$\boldsymbol{R}^p$ と 変量 (数) の数 を次元とする場合と $\boldsymbol{R}^n$ と サンプル数 を次元とする図が，説明にあわせて適宜でてくるので注意されたい。

1．3．2　基本的な統計量と合成変量

（1）平均，分散，相関など

j 変量に関する n 個のデータ x_{1j}，$\cdots$，x_{nj} の j 変量の (標本 : sample または算術 : arithmetic) **平均** (mean) を $\overline{x}_j$(エックスジェイバーと読む) または $m(x_j)$ で表し，以下のようにデータの総和をデータ数 (サンプル数)n で割ったもので定義する。

$$(1.5)\qquad \overline{x}_j = m(x_j) = \frac{\text{データの総和}}{\text{データ数}} = \frac{x_{1j} + \cdots + x_{nj}}{n} = \frac{\sum_{i=1}^{n} x_{ij}}{n}$$

$$= \frac{x_{\cdot j}}{n} = \frac{1}{n}\mathbf{1}^T \boldsymbol{x}_j = 1(\mathbf{1}^T\mathbf{1})^{-1}\mathbf{1}^T\boldsymbol{x}_j$$

ここに，$\boldsymbol{x}_j = (x_{1j}, \cdots, x_{nj})^T$, $\mathbf{1} = \underbrace{(1, \cdots, 1)}_{n\text{ コ}}{}^T$ である。

> $\boldsymbol{x}_j = (x_{1j}, \cdots, x_{nj})^T \in \boldsymbol{R}^n$ の**平均**は
>
> $$(1.6)\qquad \overline{x}_j = m(x_j) = \frac{1}{n}\mathbf{1}^T\boldsymbol{x} = \frac{1}{n}(\mathbf{1}, \boldsymbol{x})$$

次に，j 変量の**偏差平方和**は S_{jj}，$S(x_j, x_j)$ 等で表し，平均との偏差の 2 乗和で定義され，以下のように $\boldsymbol{x}_j$ と $\overline{\boldsymbol{x}}_j$ の距離の 2 乗である。

$$(1.7)\qquad S_{jj} = S(x_j, x_j) = \sum_{i=1}^{n}(x_{ij} - \overline{x}_j)^2 = \sum_{i=1}^{n} x_{ij}^2 - \frac{\left(\sum_{i=1}^{n} x_{ij}\right)^2}{n}$$

$$= \text{偏差平方和} = \text{データの 2 乗和} - \frac{\text{データの和の 2 乗}}{\text{データ数}}$$

$$= (\boldsymbol{x}_j - \overline{\boldsymbol{x}}_j)^T(\boldsymbol{x}_j - \overline{\boldsymbol{x}}_j) = \|\boldsymbol{x}_j - \overline{\boldsymbol{x}}_j\|^2$$

なお，$\overline{\boldsymbol{x}}_j = \underbrace{(\overline{x}_j, \cdots, \overline{x}_j)}_{n\text{ コ}}{}^T = \mathbf{1}\overline{x}_j$ である。

また，偏差平方和をデータ数 -1 で割ったもの を $\boldsymbol{x}_j$ の (不偏) **分散** (unbiased variance) といい，$s_j^2 (s_j > 0)$, $v(x_j)$, $s(x_j, x_j)$ 等で表す。つまり，

$$(1.8) \qquad s_j^2 = s(x_j)^2 = s_{jj} = s(x_j, x_j) = \frac{S_{jj}}{n-1} = \frac{1}{n-1}\sum_{i=1}^{n}(x_{ij} - \overline{x}_j)^2$$

$$= \frac{1}{\text{データ数} - 1}\left\{\text{データの 2 乗和} - \frac{\text{データの和の 2 乗}}{\text{データ数}}\right\}$$

で，s_j を $\boldsymbol{x}_j$ の (標本) **標準偏差** (standard deviation) という。

> $\boldsymbol{x}_j = (x_{1j}, \cdots, x_{nj})^T \in \boldsymbol{R}^n$ の (不偏) **分散**は
>
> $$(1.9) \qquad s_j^2 = v(x_j) = \frac{1}{n-1}\|\boldsymbol{x} - \overline{\boldsymbol{x}}\|^2$$
>
> である。なお，$\overline{\boldsymbol{x}} = \underbrace{(\overline{x}, \cdots, \overline{x})}_{n \text{ コ}}{}^T = \mathbf{1}\overline{x}$ である。

そして，各 $j, k (j = 1, \cdots, p; k = 1, \cdots, p)$ について，各変数 x_j, x_k それぞれの平均との偏差の積の和 を S_{jk} または $S(x_j, x_k)$ で表す。つまり，

$$(1.10) \qquad S_{jk} = S(x_j, x_k) = \sum_{i=1}^{n}(x_{ij} - \overline{x}_j)(x_{ik} - \overline{x}_k) = \text{偏差積和}$$

$$= \sum_{i=1}^{n} x_{ij}x_{ik} - \frac{\left(\sum_{i=1}^{n} x_{ij}\right)\left(\sum_{i=1}^{n} x_{ik}\right)}{n}$$

$$= \text{データの積和} - \frac{\text{データの和の積}}{\text{データ数}}$$

$$= (\boldsymbol{x}_j - \overline{\boldsymbol{x}}_j)^T(\boldsymbol{x}_k - \overline{\boldsymbol{x}}_k)$$

である。

> 定義
>
> (j, k) 成分を S_{jk} とする $p \times p$ の**偏差積和行列**を
>
> $$(1.11) \qquad S = (S_{jk})_{p \times p}$$
>
> とする。

(注 1-1)　偏差平方和をデータ数で割る場合を標本分散 (sample variance) といって，(不偏) 分散の代わりに用いる場合も多い。そこで，不偏分散を文字 s の代わりに文字 u を用いる本もある。つまり，$u_j^2 = \dfrac{S(x_j, x_j)}{n-1}$ とする本もある。◁

2 つの変量 (変数)x_j，x_k の (標本) **共分散** (sample covariance) を変数 x_j と x_k の偏差積和をデータ数 -1 で割ったものとし，s_{jk}，$s(x_j, x_k)$，$cov(x_j, x_k)$ 等で表す。つまり，

$$
(1.12)\qquad s_{jk} = s(x_j, x_k) = cov(x_j, x_k) = \frac{1}{n-1} S_{jk}
$$

$$
= \frac{1}{\text{データ数} - 1} \left\{ \text{データの積和} - \frac{\text{データの和の積}}{\text{データ数}} \right\}
$$

で定義される。

x_j と x_k の**共分散**は

$$
(1.13)\qquad s_{jk} = cov(x_j, x_k) = \frac{1}{n-1} (\boldsymbol{x}_j - \overline{\boldsymbol{x}}_j, \boldsymbol{x}_k - \overline{\boldsymbol{x}}_k)
$$

である。

定義

(j, k) 成分を s_{jk} とする $p \times p$ の (標本) **分散共分散行列** (dispersion matrix) を

$$
(1.14)\qquad V = (s_{jk})_{p \times p} = \frac{1}{n-1} S
$$

とする。

これはまた，(標本) **共分散行列** (covariance matrix) ともいわれる。どの変数に関する分散行列であるかを明確にするため，添え字をつけて V_x のように表記することもある。x_1，$\cdots$，x_p の変量を考えるとき，これらの中の互いに 2 つの変量の共分散を用い，2 つの組全体の共分散を行列として以下のように並べたものである。

$$(1.15)\ V = \begin{pmatrix} s_1^2 & s_{12} & \cdots & s_{1p} \\ s_{21} & s_2^2 & \cdots & s_{2p} \\ \vdots & \vdots & \ddots & \vdots \\ s_{p1} & s_{p2} & \cdots & s_p^2 \end{pmatrix}_{p\times p} = \frac{1}{n-1}\begin{pmatrix} S_{11} & S_{12} & \cdots & S_{1p} \\ S_{21} & S_{22} & \cdots & S_{2p} \\ \vdots & \vdots & \ddots & \vdots \\ S_{p1} & S_{p2} & \cdots & S_{pp} \end{pmatrix}$$

$$= \begin{pmatrix} x_1\text{ の分散} & x_1\text{ と }x_2\text{ の共分散} & \cdots & x_1\text{ と }x_p\text{ の共分散} \\ x_2\text{ と }x_1\text{ の共分散} & x_2\text{ の分散} & \cdots & x_2\text{ と }x_p\text{ の共分散} \\ \vdots & \vdots & \ddots & \vdots \\ x_p\text{ と }x_1\text{ の共分散} & x_p\text{ と }x_2\text{ の共分散} & \cdots & x_p\text{ の分散} \end{pmatrix}$$

また，2つの変量 x_j x_k の (標本) **相関係数** (sample correlation coefficient) を r_{jk}, $r(x_j, x_k)$, $corr(x_j, x_k)$ で表すと

$$(1.16)\qquad r_{jk} = r(x_j, x_k) = corr(x_j, x_k) = \frac{s_{jk}}{s_j \cdot s_k} = \frac{S_{jk}}{\sqrt{S_{jj}} \cdot \sqrt{S_{kk}}}$$

で定義される。幾何的には図 1.9 のように 2 つのベクトル $\boldsymbol{x}_j - \overline{\boldsymbol{x}}_j$ と $\boldsymbol{x}_k - \overline{\boldsymbol{x}}_k$ の間のなす角の余弦 (cosine) に相当する。なお，$\overline{\boldsymbol{x}}_j = \underbrace{(\overline{x}_j, \cdots, \overline{x}_j)}_{n\text{ コ}}{}^T = \overline{x}_j \mathbf{1}$ である。

> x_j と x_k の**相関係数**は
>
> $$(1.17)\qquad r_{jk} = corr(x_j, x_k) = \frac{(\boldsymbol{x}_j - \overline{\boldsymbol{x}}_j, \boldsymbol{x}_k - \overline{\boldsymbol{x}}_k)}{||\boldsymbol{x}_j - \overline{\boldsymbol{x}}_j|| \cdot ||\boldsymbol{x}_k - \overline{\boldsymbol{x}}_k||} = \cos(\theta_{jk})$$
>
> である。

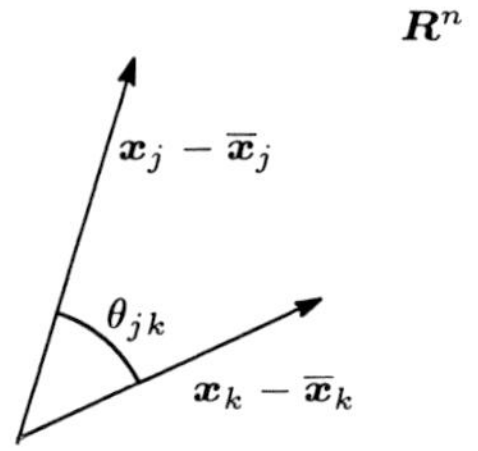

図 1.9 相関係数の図示

定義

(j,k) 成分が r_{jk} の $p \times p$ (標本) **相関行列** (correlation matrix) を

$$R = (r_{jk})_{p \times p} \tag{1.18}$$

とする。また，これまでの行列を次にまとめておこう。

バラツキのデータ行列の形式

S —(データ数に関して **平均化**)→ **V** —(各変量に関して **規準化**)→ **R**

更に，各母集団 (群) ごとにデータが得られるときには，添え字 $h(=1,\cdots,m)$ を用いて h 群を表すとし，データ，偏差積和行列，分散行列および相関行列をそれぞれ $x_{ij}^{(h)}, S^{(h)}, V^{(h)}$ および $R^{(h)}$ で表記する。そして，これまでの 2 相データから 3 相データを扱う場合に用いる。

例 1-3 以下の表 1.4 の 4 人の英語，数学，国語それぞれの科目の成績について平均を求めよ。更に，科目について分散行列，相関行列を求めよ。

表 1.4 成績表

人＼科目	英語	数学	国語
岡山太郎	68	72	48
香川花子	78	90	52
東京一郎	57	60	83
大阪京子	48	76	68

[解] 手順 1 サンプル数 (n)，変数の数 (p) の確認をする。サンプル数は $n=4$ の 4 人であり，変数は英語 (x_1)，数学 (x_2)，国語 (x_3) の $p=3$ 変数である。

手順 2 計算のための補助表を作成する。3 変数について和,2 乗和，偏差積和などを求めるための表 1.5 の補助表を，以下のように作成する。

表 1.5 補助表

人＼科目	x_1	x_2	x_3	x_1^2	x_2^2	x_3^2	x_1x_2	x_1x_3	x_2x_3
1	68	72	48	4624	5184	2304	4896	3264	3456
2	78	90	52	6084	8100	2704	7020	4056	4680
3	57	60	83	3249	3600	6889	3420	4731	4980
4	48	76	68	2304	5776	4624	3648	3264	5168
計	251 ①	298 ②	251 ③	16261 ④	22660 ⑤	16521 ⑥	18984 ⑦	15315 ⑧	18284 ⑨

手順 3　各変数ごとに,

和 $\sum_{i=1}^{4} x_{ij}$, 2 乗和 $\sum_{i=1}^{4} x_{ij}^2$,

偏差積和行列 $S_{jk} = \sum_{i=1}^{4} x_{ij}x_{ik} - \frac{\sum_i x_{ij} \sum_i x_{ik}}{n}$

を求める $(1 \leqq j, k \leqq 3)$。

$\overline{x}_1 = ①/4 = 251/4 = 62.75,$

$\overline{x}_2 = ②/4 = 298/4 = 74.5,$

$\overline{x}_3 = ③/4 = 251/4 = 62.75.$

$S_{11} = ④ - ①^2/4 = 16261 - 251^2/4 = 510.75,$

$S_{22} = ⑤ - ②^2/4 = 22660 - 298^2/4 = 459,$

$S_{33} = ⑥ - ③^2/4 = 16521 - 251^2/4 = 770.75,$

$S_{12} = ⑦ - ① \times ②/4 = 18984 - 251 \times 298/4 = 284.5,$

$S_{13} = ⑧ - ① \times ③/4 = 15315 - 251 \times 251/4 = -435.25,$

$S_{23} = ⑨ - ② \times ③/4 = 18284 - 298 \times 251/4 = -415.5.$

$$r_{12} = \frac{S_{12}}{\sqrt{S_{11}S_{22}}} = \frac{284.5}{\sqrt{510.75 \times 459}} = 0.588,$$

$$r_{13} = \frac{S_{13}}{\sqrt{S_{11}S_{33}}} = \frac{-435.25}{\sqrt{510.75 \times 770.75}} = -0.694,$$

$$r_{23} = \frac{S_{23}}{\sqrt{S_{22}S_{33}}} = \frac{-415.5}{\sqrt{459 \times 770.75}} = -0.699.$$

手順 4　平均ベクトル，分散行列，相関行列を求める。

平均ベクトル$=(\overline{x}_1, \overline{x}_2, \overline{x}_3)^T = (62.75, 74.5, 62.75)^T$

$$\text{分散行列 } V = \frac{\text{偏差積和行列}}{\text{データ数}-1} = \frac{1}{3}S = \frac{1}{3}\begin{pmatrix} S_{11} & S_{12} & S_{13} \\ & S_{22} & S_{23} \\ sym. & & S_{33} \end{pmatrix}$$

$$= \frac{1}{3}\begin{pmatrix} 510.75 & 284.5 & -435.25 \\ & 459 & -415.5 \\ sym. & & 770.75 \end{pmatrix} = \begin{pmatrix} 170.25 & 94.833 & -145.08 \\ & 153.00 & -138.50 \\ sym. & & 256.917 \end{pmatrix}$$

なお $sym.$ により，対称行列を表す。

$$\text{相関行列 } R = \begin{pmatrix} 1 & r_{12} & r_{13} \\ & 1 & r_{23} \\ sym. & & 1 \end{pmatrix} = \begin{pmatrix} 1 & 0.588 & -0.694 \\ & 1 & -0.699 \\ sym. & & 1 \end{pmatrix} \square$$

(注 1-2)　補助計算で，以下のように平均を求めておいて，偏差について 2 乗和，積和を求め，また偏差行列等を求めてもよい。なお，Excel での実行結果は 5.3 節を参照されたい。

表 1.6　補助表

人＼科目	x_1	x_2	x_3	$x_1-\overline{x}_1$	$x_2-\overline{x}_2$	$x_3-\overline{x}_3$	$(x_1-\overline{x}_1)^2$
1	68	72	48	5.25	−2.5	−14.75	27.5625
2	78	90	52	15.25	15.5	−10.75	232.5625
3	57	60	83	−5.75	−14.5	20.25	33.0625
4	48	76	68	−14.75	1.5	5.25	217.5625
計	251	298	251	0	0	0	510.75
平均	62.75	74.5	62.75				
	$\overline{x}_1$	$\overline{x}_2$	$\overline{x}_3$				S_{11}

$(x_2-\overline{x}_2)^2$	$(x_3-\overline{x}_3)^2$	$(x_1-\overline{x}_1)(x_2-\overline{x}_2)$	$(x_1-\overline{x}_1)(x_3-\overline{x}_3)$	$(x_2-\overline{x}_2)(x_3-\overline{x}_3)$
6.25	217.5625	−13.125	−77.4375	36.875
240.25	115.5625	236.375	−163.9375	−166.625
210.25	410.0625	83.375	−116.4375	−293.625
2.25	27.5625	−22.125	−77.4375	7.875
459	770.75	284.5	−435.25	−415.5
S_{22}	S_{33}	S_{12}	S_{13}	S_{23}

また，Excel にある統計関数を用いて分散，相関係数が求められる。つまり，分散 (偏差平方和をデータ数 −1 で割ったもの) は VAR(範囲) により，相関係数は CORREL(範囲 1，範囲 2) により 2 つの変数の相関係数が求められる。実際の計算は 5 章を参照されたい。◁

演 1-3 以下の下宿している学生に関する月々の総収入 (生活費)，アルバイト収入，総支出，家賃支出それぞれについて平均を求めよ。更に，分散行列，相関行列を求めよ。

表 1.7 学生生活費 (単位：万円)

人＼項目	生活費	アルバイト	総支出	家賃
1	12	4	12	4
2	15	5	8	3
3	14.2	0.8	14.4	5.4
4	16	8	10	4
5	13	3	12	4.6
6	10.5	2.5	10	5
7	15	3	15	6
8	17	4	16	4.8
9	14	3	10	5
10	18	5	16	5.7

（2）合成変量

定義

変量 x_1, $\cdots$, x_p の線形結合を**合成変量**といい，f で表すと

$$f = w_1x_1 + \cdots + w_px_p = \boldsymbol{w}^T\boldsymbol{x} = \boldsymbol{x}^T\boldsymbol{w} \tag{1.19}$$
$$= \|\boldsymbol{w}\| \cdot \|\boldsymbol{x}\| \cos\theta$$

いくつかの科目に重みを付けて総合評価をつけるような場合，式 (1.19) の合成変量を考える。

(注 1-3) 合成変量を必ずしも線形結合で定義しなくても良いかもしれないが，解釈も自然にでき，利用上，最も多いことから線形結合になっているようである。◁

これは，ベクトル $\boldsymbol{w}$ とベクトル $\boldsymbol{x}$ の内積 $\|\boldsymbol{x}\| \cdot \|\boldsymbol{w}\| \cos\theta$($\theta$ はベクトル $\boldsymbol{x}$ とベクトル $\boldsymbol{w}$ の間のなす角) である。そこで，$\boldsymbol{w}$ が単位ベクトル (長さが 1 つまり $\|\boldsymbol{w}\| = 1$) のときには図 1.10 のように，ベクトル $\boldsymbol{x}$ をベクトル $\boldsymbol{w}$ に正射影した長さが合成変量 f の絶対値となる。

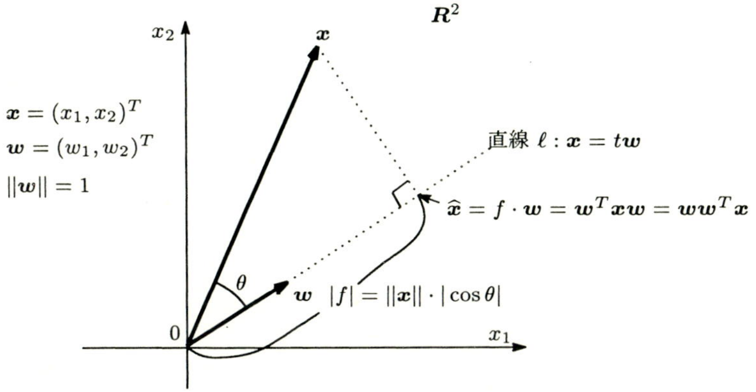

図 1.10 合成変量の概念図

(注 1-4) 直線の表し方は図のようにパラメータ t を用いる方法があるが，以下のように方程式で表す方法と同値である。

$$\boldsymbol{x} = t\boldsymbol{w} \quad \Longleftrightarrow \quad t = \frac{x_1}{w_1} = \frac{x_2}{w_2} \quad \Longleftrightarrow \quad w_2x_1 - w_1x_2 = 0 \quad \triangleleft$$

合成変量を求めることはまた，変量 $\boldsymbol{x}$ の f への線型写像を与えることである。合成変量が $\boldsymbol{x}$ と同じ空間なら $\boldsymbol{x}$ の線形変換 (一次変換) をしたものになっていて，どのような変換を施せば良いかが後で議論される。

次に，第 i サンプルの合成変量 f_i は

$$f_i = w_1x_{i1} + \cdots + w_px_{ip} = \boldsymbol{x}^i\boldsymbol{w} = \boldsymbol{w}^T(\boldsymbol{x}^i)^T \qquad (i = 1, \cdots, n)$$

より，その平均 $m(f)$ と分散 $v(f)$ は，それぞれ次のようになる。

$$\text{(1.20)} \quad m(f) = \overline{f} = w_1\overline{x}_1 + \cdots + w_p\overline{x}_p$$
$$= \boldsymbol{w}^T\overline{\boldsymbol{x}} \quad \left(\overline{\boldsymbol{x}} = (\overline{x}_1, \cdots, \overline{x}_p)^T\right) \qquad \text{(ベクトル・行列表現)}$$

$$\text{(1.21)} \quad v(f) = \frac{S(f,f)}{n-1}$$
$$= \boldsymbol{w}^TV\boldsymbol{w} \quad \left(\boldsymbol{w} = (w_1, \cdots, w_p)^T\right) \qquad \text{(ベクトル・行列表現)}$$

次に，後の章でも大切な考えである射影について考えよう。

1）<u>直線への射影</u> ： 点 $\boldsymbol{x}$ から直線 $\boldsymbol{x} = t\boldsymbol{w}$ への正射影した点 $\widehat{\boldsymbol{x}}$ について考

えよう。図 1.10 を参照されたい。

ベクトル $t\boldsymbol{w}$ とベクトル $\boldsymbol{x}-t\boldsymbol{w}$ が直交する t の値を，t_0 とおくと

$$① \quad t_0 = \frac{\boldsymbol{w}^T\boldsymbol{x}}{\|\boldsymbol{w}\|^2} = (\boldsymbol{w}^T\boldsymbol{w})^{-1}\boldsymbol{w}^T\boldsymbol{x}$$

である。なぜなら，$t\boldsymbol{w}^T(\boldsymbol{x}-t\boldsymbol{w})=0$ を $t(\neq 0)$ について解けば求まる。更に，$\boldsymbol{x}$ から直線 $\ell : \boldsymbol{x}=t\boldsymbol{w}$ への最短距離は，この t_0 のときで，

$$② \quad \min_{t\in\boldsymbol{R}} \|\boldsymbol{x}-t\boldsymbol{w}\| = \|\boldsymbol{x}-t_0\boldsymbol{w}\|$$

が成立する。なぜなら $\boldsymbol{x}-t\boldsymbol{w}=\boldsymbol{x}-t_0\boldsymbol{w}+(t-t_0)\boldsymbol{w}$ で $\boldsymbol{x}-t_0\boldsymbol{w}\perp(t-t_0)\boldsymbol{w}$ だから，ピタゴラスの定理 (三平方の定理) より

$$\|\boldsymbol{x}-t\boldsymbol{w}\|^2 = \|\boldsymbol{x}-t_0\boldsymbol{w}\|^2 + \|(t-t_0)\boldsymbol{w}\|^2 \geqq 0$$

と示される。

演 1-4 以下の平面と空間の場合に関して，点 $\boldsymbol{x}_0$ から直線 ℓ への最短距離についての式が成り立つことを示せ。

① 平面での直線の方程式が，$\ell : ax+by=0$ で $\boldsymbol{x}_0=(x_0,y_0)^T$ のとき，

$$\|\boldsymbol{x}_0-t_0\boldsymbol{w}\| = \frac{|ax_0+by_0|}{\sqrt{a^2+b^2}}$$

② 空間での直線の方程式が，$\ell : ax+by+cz=0$ で $\boldsymbol{x}_0=(x_0,y_0,z_0)^T$ のとき，

$$\|\boldsymbol{x}_0-t_0\boldsymbol{w}\| = \frac{|ax_0+by_0+cz_0|}{\sqrt{a^2+b^2+c^2}}$$

2） <u>平面への射影</u>：空間の点 $\boldsymbol{x}$ から平面へ正射影した点 $\widehat{\boldsymbol{x}}$ を考えてみよう。

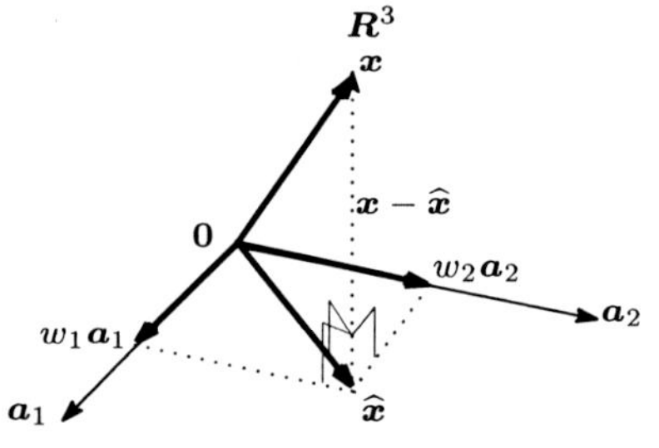

図 1.11 点から平面への正射影

図 1.11 のようにベクトル $\boldsymbol{a}_1, \boldsymbol{a}_2$ の張る空間の点は

$$w_1\boldsymbol{a}_1 + w_2\boldsymbol{a}_2 = (\boldsymbol{a}_1, \boldsymbol{a}_2)\boldsymbol{w} = A\boldsymbol{w} \quad (\text{特に, } \widehat{\boldsymbol{x}} = \widehat{w}_1\boldsymbol{a}_1 + \widehat{w}_2\boldsymbol{a}_2 = A\widehat{\boldsymbol{w}})$$

と書かれる。また

$$\boldsymbol{a}_1 \perp \boldsymbol{x} - \widehat{\boldsymbol{x}} = \boldsymbol{x} - A\widehat{\boldsymbol{w}},\ \boldsymbol{a}_2 \perp \boldsymbol{x} - \widehat{\boldsymbol{x}} = \boldsymbol{x} - A\widehat{\boldsymbol{w}}$$

だから, 内積が 0 となり,

$$\boldsymbol{a}_1^T(\boldsymbol{x} - A\widehat{\boldsymbol{w}}) = 0,\ \boldsymbol{a}_2^T(\boldsymbol{x} - A\widehat{\boldsymbol{w}}) = 0$$

が成立し，まとめて $A^T(\boldsymbol{x} - A\widehat{\boldsymbol{w}}) = \boldsymbol{0}$ から，$\widehat{\boldsymbol{x}} = A\widehat{\boldsymbol{w}} = A(A^TA)^{-1}A^T\boldsymbol{x}$ と求まる。

一般に $\boldsymbol{a}_1, \cdots, \boldsymbol{a}_m$ で張られる空間への正射影の場合には $A = (\boldsymbol{a}_1, \cdots, \boldsymbol{a}_m)$ とすれば良い (A^TA:正則なとき)。

また

$$\text{(1.22)} \quad \boldsymbol{f} = \begin{pmatrix} f_1 \\ f_2 \\ \vdots \\ f_n \end{pmatrix} = w_1 \begin{pmatrix} x_{11} \\ x_{21} \\ \vdots \\ x_{n1} \end{pmatrix} + \cdots + w_p \begin{pmatrix} x_{1p} \\ x_{2p} \\ \vdots \\ x_{np} \end{pmatrix}$$
$$= w_1\boldsymbol{x}_1 + \cdots + w_p\boldsymbol{x}_p$$
$$= (\boldsymbol{x}_1, \cdots, \boldsymbol{x}_p)\boldsymbol{w} = X\boldsymbol{w}$$
$$\Bigl(X = (\boldsymbol{x}_1, \cdots, \boldsymbol{x}_p)_{n\times p} \quad : \quad \boldsymbol{x}_1, \cdots, \boldsymbol{x}_p \text{を列ベクトルとする行列}\Bigr)$$

と列ベクトル $\boldsymbol{x}_1, \cdots, \boldsymbol{x}_p$ の線形結合でかかれる (で張られる)。

変量 f と x_j の相関係数 $r(f, x_j)(= r_{fx_j})$ は

$$\text{(1.23)} \quad r(f, x_j) = \frac{S(f, x_j)}{\sqrt{S(f,f)}\sqrt{S(x_j, x_j)}} = \frac{S(f, x_j)}{\sqrt{S(f,f)}\sqrt{S_{jj}}} = \frac{s_{fj}}{\sqrt{s_{ff}}\sqrt{s_{jj}}}$$

である。

次に，2 つの合成変量 $f_1 = \boldsymbol{w}_1^T\boldsymbol{x}$，$f_2 = \boldsymbol{w}_2^T\boldsymbol{x}$ の相関係数は以下のようになる。

$$\text{(1.24)} \quad r(f_1, f_2) = \frac{S(f_1, f_2)}{\sqrt{S(f_1, f_1)}\sqrt{S(f_2, f_2)}}$$

$$= \frac{\boldsymbol{w}_1^T V \boldsymbol{w}_2}{\sqrt{\boldsymbol{w}_1^T V \boldsymbol{w}_1}\sqrt{\boldsymbol{w}_2^T V \boldsymbol{w}_2}} \quad \text{(ベクトル・行列表現)}$$

1．3．3　基本となる分布

① 正規分布 (Normal distribution)

密度関数が

$$(1.25) \quad f(x) = \frac{1}{\sqrt{2\pi\sigma^2}} \exp\left\{ -\frac{(x-\mu)^2}{2\sigma^2} \right\}, -\infty < x < \infty \qquad (\mu, \sigma^2 : \text{母数})$$

で与えられる分布を平均 μ（ミュー），分散 σ^2（シグマの2ジョウ）の正規分布といい，$N(\mu, \sigma^2)$ で表す。**ガウス分布** (Gaussian distribution) ともいわれる。そして，確率変数 X が $N(\mu, \sigma^2)$ に従うことを $X \sim N(\mu, \sigma^2)$ のように表す。

- $X \sim N(\mu, \sigma^2)$ のとき，$E(X) = \mu, V(X) = E\Big((X - E(X))^2\Big) = \sigma^2$
- $X \sim N(\mu, \sigma^2)$ のとき，$U = \dfrac{X-\mu}{\sigma} \sim N(0, 1^2)$ で，特に平均 0, 分散が 1 の正規分布を**標準正規分布**という。また，この変換を**標準化** (standardization) または**規準化**という。

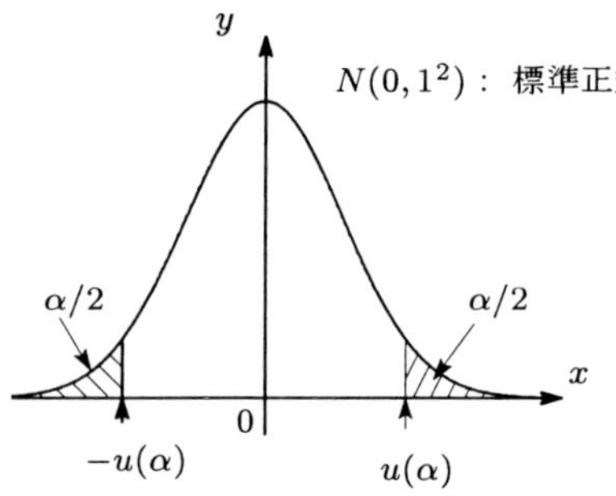

図 1.12　正規分布と分位点

更に，$U \sim N(0, 1^2)$ のとき，$P\Big(U > u(\alpha)\Big) = \alpha/2$ を満足する点 $u(\alpha)$ を上側 $\alpha/2$ 分位点 (α/2th-quantile) または上側 $100\alpha/2$ %点という。同様に下側分位点も定義される。また，$P\Big(|U| > u(\alpha)\Big) = \alpha$ が成立する分位点 $u(\alpha)$ を両側 α 分位点または両側 100α %点という。よく使われるのが両 (片) 側 5%点，両 (片) 側 10% 点，両 (片) 側 1%点などである。図 1.12 と図 1.13 を

参照されたい。

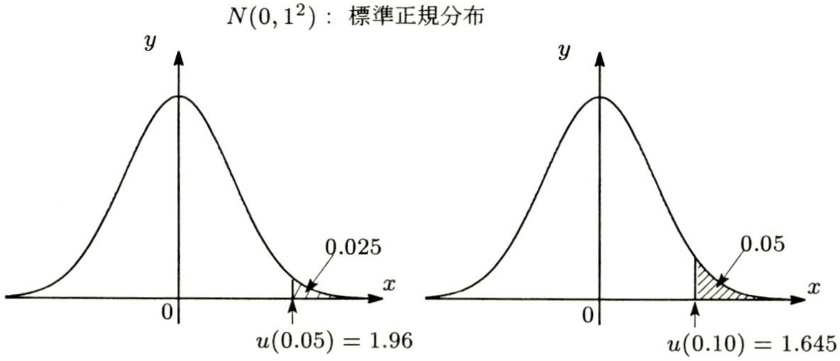

図 1.13　正規分布の分位点の例

演 1-5　統計数値表を利用して，正規分布の

① 上側 1%点，　② 両側 5%点，　③ 下側 10%点

をそれぞれ求めよ。

そして，正規分布と同様，t 分布，χ^2 分布，F 分布についても，以下のように分位点が与えられる。

② χ^2 分布(カイニジョウ)(chi-square distribution)

● $u_1,\cdots,u_n \overset{i.i.d.}{\sim} N(0,1^2)$($u_1,\cdots,u_n$ が互いに独立に同一の分布 $N(0,1^2)$ に従う) のとき，$T=\sum_{i=1}^{n} u_i^2 \sim \chi_n^2$(自由度 n の χ^2 分布)

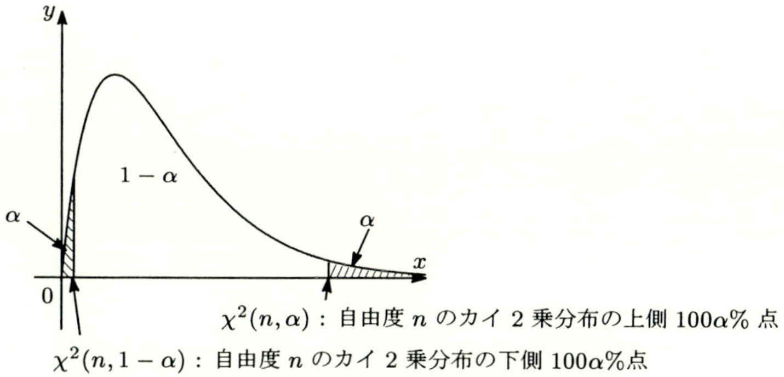

図 1.14　χ^2 分布と分位点

③ $\overset{\text{ティー}}{t}$ 分布 (t distribution)

• $X \sim N(0,1^2), Y \sim \chi_n^2$ かつ $X \perp Y$(X と Y が独立) のとき，$T = \dfrac{X}{\sqrt{Y/n}} \sim t_n$(自由度 n の t 分布)

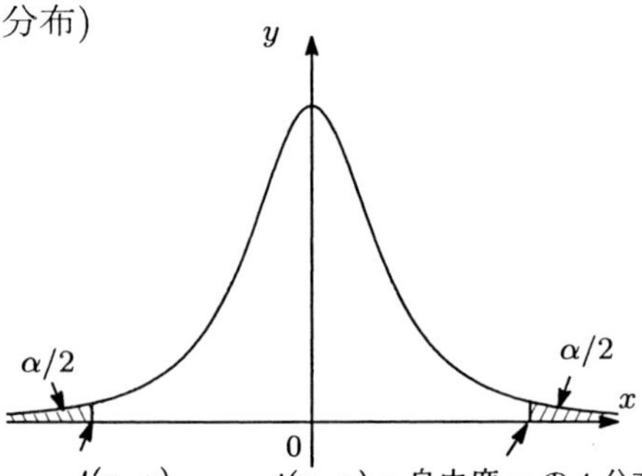

図 1.15　t 分布と分位点

④ $\overset{\text{エフ}}{F}$分布 (F distribution)

• $X \sim \chi_m^2, Y \sim \chi_n^2$ かつ $X \perp Y$ のとき，$T = \dfrac{X/m}{Y/n} \sim F_{m,n}$(自由度 (m,n) の F 分布)

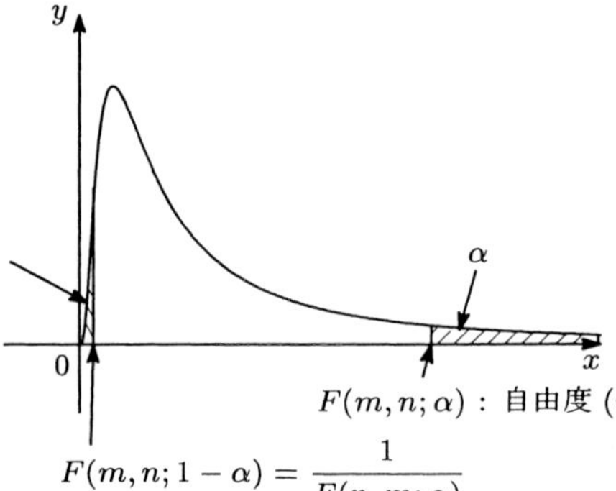

図 1.16　F 分布と分位点

(補 1-1)　データから計算した検定統計量の値より，帰無仮説のもとで検定統計量が帰無仮説を棄却する確率を，$\overset{\text{ピーチ}}{P}$ **値**(p-value) または**有意確率**という。◁

1.4 相関分析

1.4.1 相関分析とは

身長と体重，数学と英語の成績といったように2つの変量があって，その関係を調べ，解析することを**相関分析** (correlation analysis) という。n 個のペアー (組) となったデータ $(x_1, y_1), \cdots, (x_n, y_n)$ が与えられるとき，以下の図1.17のように2変量の間の相関関係は，**散布図** (scatter diagram) または相関図 (correlational diagram) といわれる2変量データの2次元データを，プロット (打点) した図を描くことが解析の基本である。そして，x が増加するとき，y も増加するときには**正の相関**があるという (①)。逆に x が増加するとき，y が減少するときに**負の相関**があるという (②)。また x の変化に対して，y がその変化に対応することなく変化したり，一定であるような場合には**無相関**であるという (③)。

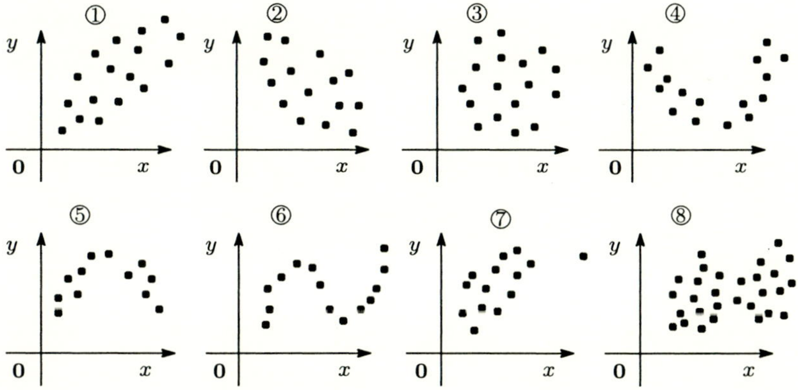

図 1.17 いろいろのタイプの散布図

更に，変量 x と y の間の相関の度合いを測る物指しとして，以下の (ピアソンの) 標本相関係数 r がよく使われる。

$$r = r(x, y) = \frac{S(x, y)}{\sqrt{S(x, x)}\sqrt{S(y, y)}} = \frac{S_{xy}}{\sqrt{S_{xx}}\sqrt{S_{yy}}}$$

この式の定義から，分母は

$$S_{xx}=\sum_{i=1}^{n}(x_i-\overline{x})^2>0 \quad \text{かつ} \quad S_{yy}=\sum_{i=1}^{n}(y_i-\overline{y})^2>0$$

から常に正である。そこで，分子の正負により符号が定まる。

分子は

$$S_{xy}=\sum_{i=1}^{n}(x_i-\overline{x})(y_i-\overline{y})$$

であるので，図1.18のように $(\overline{x},\overline{y})$ を原点と考えて，第 I , III象限にデータ (x_i,y_i) があれば，$(x_i-\overline{x})(y_i-\overline{y})>0$ であり，第 II , IV象限にデータ (x_i,y_i) があれば，$(x_i-\overline{x})(y_i-\overline{y})<0$ なので，$S_{xy}>0$ つまり $r>0$ であるときは第 I , III象限のデータが第 II , IV象限のデータより大体多くなり，点が右上がりの傾向にある。つまり，正の相関がある。逆に，$S_{xy}<0$ つまり $r<0$ であるときは第 II , IV象限のデータが第 I , III象限のデータより大体多くなり，点が右下がりの傾向にある。つまり，負の相関がある。

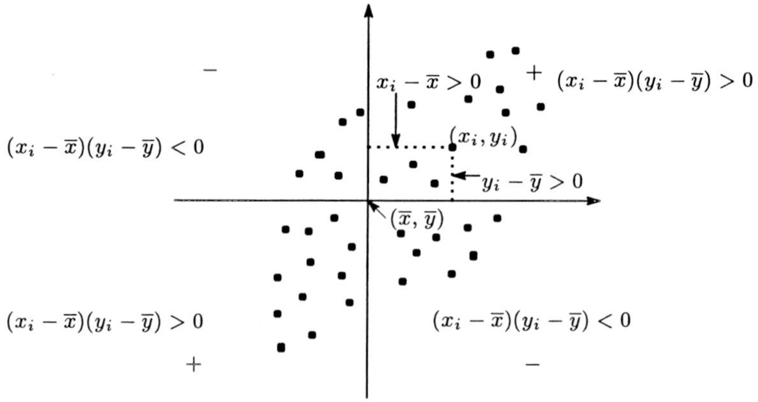

図 1.18 相関係数の正負と散布図

その r は $-1\leqq r\leqq 1$ であり (Schwartz の不等式から導かれる)，直線的な関係があるときには，$|r|$ は1に近い値となり，相関関係が高いことを示している。しかし，散布図で相関があっても，相関係数の絶対値は小さいこともある (④,⑤)。また，特殊な関連性 (⑥のような) がないか，データに異常値が含まれてないか (⑦)，層別 (⑧) の必要性の有無などを調べる基本が散布図

である。

ここで，２つの変数が共に増加または減少の傾向にあるとき，いつも一方の変数が他の変数に直接または間接に，何らかの影響があるとはいえない。２つの変数が共に，他の変数のために強い関係がみられたかもしれないのである。例えば，年賀状の枚数が増えるとともにジャンプ力が落ちる状況を，散布図に表せば因果関係がありそうである。普通，日本では年令とともに知り合いも増え，年賀状の枚数も増える。しかし年令とともに，次第にジャンプ力は落ちていく。つまり，年賀状の枚数とジャンプ力の間に年令という要因が介在しているのである。このような変数同士に，本当は相関がないにもかかわらず，相関があるような変化がみられることを，**見せかけの相関 (偽相関)** があるという。

２つの確率変数 X, Y について，

(1.26) $$\rho = \frac{C(X,Y)}{\sqrt{V(X)}\sqrt{V(Y)}}$$

を X と Y の**母相関係数**という。$-1 \leqq \rho \leqq 1$ である。また X と Y が独立のときには，$C(X,Y)=0$ より $\rho=0$ である。X, Y が 2 変量正規分布に従っている場合，その同時密度関数 $g(x,y)$ は以下のように与えられる。

(1.27) $$g(x,y) = \frac{1}{2\pi\sigma_1\sigma_y\sqrt{1-\rho_{xy}^2}} \exp\left[-\frac{1}{2(1-\rho_{xy}^2)}\left\{\frac{(x-\mu_x)^2}{\sigma_x^2} - \frac{2\rho_{xy}(x-\mu_x)(x-\mu_y)}{\sigma_x\sigma_y} + \frac{(y-\mu_y)^2}{\sigma_y^2}\right\}\right]$$

このとき，$\rho=\rho_{xy}$ が成立する。また，X と Y が正規分布に従う確率変数であるとき共分散が 0 なら，そこで $\rho=0$ となるなら X と Y は独立である。それは，この密度関数の形から $\rho=0$ のとき，X と Y の同時密度関数が X と Y のそれぞれの密度関数の積にかけるからである。また

(1.28) $$E(X)=\mu_x,\ V(X)=\sigma_x^2,\ E(Y)=\mu_y,\ V(Y)=\sigma_y^2,\ C(X,Y)=\rho\sigma_x\sigma_y$$

も成立する。なお，図 1.19 は平均 (0.2, 0.4)，相関係数 0.4，分散がいずれも 1 の 2 次元正規分布の密度関数をグラフ化したものである。

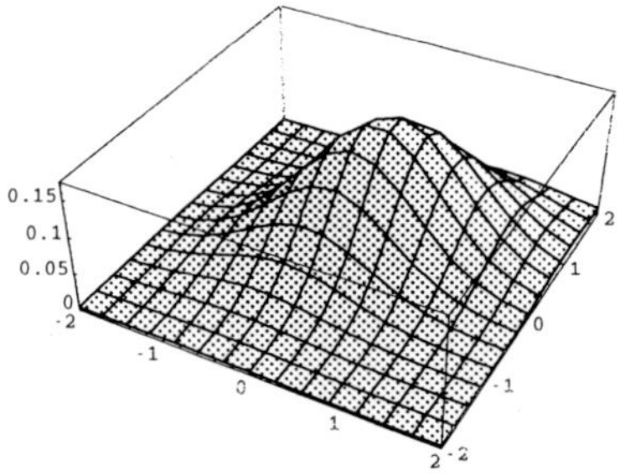

図 1.19　2次元正規分布の密度関数のグラフ

1.4.2 相関係数に関する検定と推定

① 無相関の検定

$$\begin{cases} \mathrm{H}_0 & : \quad \rho = 0 \quad (\text{帰無仮説}) \\ \mathrm{H}_1 & : \quad \rho \neq 0 \quad (\text{対立仮説}) \end{cases}$$

の検定をするには，(x, y) が2次元正規分布に従い，$\rho = 0$ のとき，

$$t_0 = \frac{r\sqrt{n-2}}{\sqrt{1-r^2}} \sim t_{n-2} \text{ under } \mathrm{H}_0 \quad (\text{自由度 } \phi = n-2 \text{ の } t \text{ 分布に従う})$$

なので，次のような検定法がとられる。

検定方式

無相関 $(\mathrm{H}_0{:}\rho = 0,\ \mathrm{H}_1{:}\rho \neq 0)$ の検定について

$|t_0| \geqq t(\phi, \alpha) \quad \Longrightarrow \quad \mathrm{H}_0$を棄却する

他に，r 表を用いて検定する方法がある。これは

$$t = \frac{r\sqrt{n-2}}{\sqrt{1-r^2}} \text{ を，} r \text{ について解いて } r = \frac{t}{\sqrt{n-2+t^2}}$$

から t 分布の数表から r 表を作ることができる。

そこで，以下のような検定法がとれる。

検定方式

無相関 $(\mathrm{H}_0{:}\rho = 0,\ \mathrm{H}_1{:}\rho \neq 0)$ の検定について

$|r| \geqq r(n-2, \alpha) \quad \Longrightarrow \quad \mathrm{H}_0$を棄却する

例 1-4 以下の表 1.8 の学生 12 人の情報科学と統計学の成績について，2 つの科目に相関があるかどうか，有意水準 5%で検定せよ。

表 1.8 成績データ

No. ＼ 科目	情報科学	統計学
1	57	64
2	71	73
3	87	76
4	88	84
5	83	93
6	89	80
7	81	88
8	93	94
9	76	73
10	79	75
11	89	76
12	91	91

[解] 手順 1 散布図の作成

x 軸に情報科学，y 軸に統計学の成績得点をとり，散布図を作成すると，図 1.20 のようになる。図 1.20 から正の相関がありそうであり，データに癖はなさそうである。

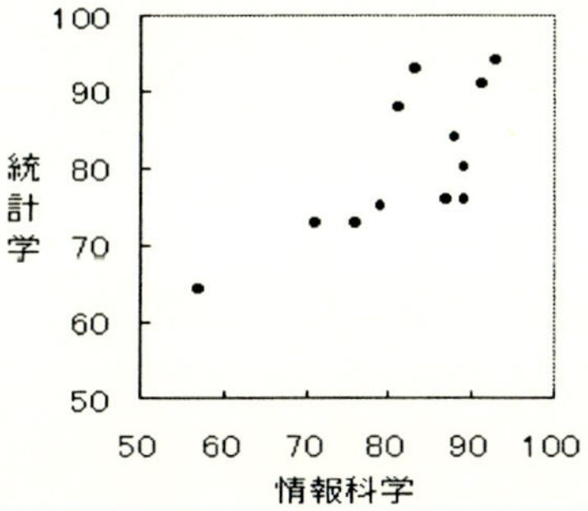

図 1.20 成績の散布図 (例 1-4)

手順 2 仮説と有意水準の設定

$$\begin{cases} H_0 & : \quad \rho = 0 \\ H_1 & : \quad \rho \neq 0, \quad \alpha = 0.05 \end{cases}$$

手順 3 棄却域の設定 (検定方式の決定)

相関係数 r を用いた $t_0 = \dfrac{r\sqrt{n-2}}{\sqrt{1-r^2}}$ によって，棄却域 R を

$$R : |t_0| \geqq t(n-2, 0.05) = t(10, 0.05)$$

とする。

手順 4 検定統計量の計算 (r の計算)

計算のため必要な和，2 乗和，積和を求めるため，表 1.9 のような補助表を作成する。表 1.9 より，

$$r = \frac{S_{xy}}{\sqrt{S_{xx}}\sqrt{S_{yy}}}\ ,\ S_{xy} = ⑤ - \frac{① \times ②}{n} = 80062 - \frac{984 \times 967}{12} = 768,$$

$$S_{xx} = ③ - \frac{①^2}{n} = 81842 - 984^2/12 = 1154,$$

$$S_{yy} = ④ - \frac{②^2}{n} = 78897 - 967^2/12 = 972.92$$ より $r = 0.725$

したがって，$t_0 = \dfrac{0.725\sqrt{10}}{\sqrt{1-0.725^2}} = 3.329$

表 1.9 補助表

項目 / No.	x	y	x^2	y^2	xy
1	57	64	3249	4096	3648
2	71	73	5041	5329	5183
3	87	76	7569	5776	6612
4	88	84	7744	7056	7392
5	83	93	6889	8649	7719
6	89	80	7921	6400	7120
7	81	88	6561	7744	7128
8	93	94	8649	8836	8742
9	76	73	5776	5329	5548
10	79	75	6241	5625	5925
11	89	76	7921	5776	6764
12	91	91	8281	8281	8281
計	984 ①	967 ②	81842 ③	78897 ④	80062 ⑤

手順 5 判定と結論

$t(10, 0.05) = 2.228$(=TINV(0.05,10) : Excel での入力式) で $|t_0| > t(10, 0.05)$ だから，有意水準 5%で棄却される。つまり，情報科学と統計学の成績には相関がある。□

演 1-6 以下の表 1.10 に示す身長に関するデータに関して，男子大学生の本人と父親, 母親の身長の間に相関があるといえるか。

表 1.10　男子大学生と父親，母親の身長 (単位：cm)

本人	172	173	169	183	171	168	170	165	168	176	177	173
父親	175	170	169	180	169	170	165	164	160	173	182	170
母親	158	160	152	165	156	155	155	152	162	160	165	150
本人	181	167	176	171	160	175	170	173	176	177	163	175
父親	173	160	172	170	169	170	160	168	162	170	165	170
母親	160	145	162	155	153	160	165	160	158	160	150	155
本人	172	171	172	163	172	162	167					
父親	177	160	172	160	176	161	170					
母親	155	165	158	155	158	154	155					

② 母相関係数が，特定の値と等しいかどうかの検定

$$\begin{cases} H_0 & : \quad \rho = \rho_0 \quad (\text{既知}) \\ H_1 & : \quad \rho \neq \rho_0 \end{cases}$$

を検定するには，r について，次の (フィッシャーの) **z**(ゼット) **変換**を行う。

$$z = \tanh^{-1} r = \frac{1}{2} \ln \frac{1+r}{1-r} \qquad (1.29)$$

このzはnが十分大のとき，近似的に正規分布

$$N\left(\zeta, \frac{1}{n-3}\right)$$

に従う。ただし，$\zeta = \dfrac{1}{2} \ln \dfrac{1+\rho}{1-\rho}$ である。そこで，標準化した

$$u_0 = \sqrt{n-3}\left(z - \frac{1}{2} \ln \frac{1+\rho_0}{1-\rho_0}\right) \qquad (1.30)$$

は H_0 のもとで標準正規分布に従う。したがって，次の検定方式がとられる。

検定方式

> 母相関係数に関する検定 ($H_0 : \rho = \rho_0$ (既知), $H_1 : \rho \neq \rho_0$) について
>
> $|u_0| \geqq u(\alpha) \quad \Longrightarrow \quad H_0$を棄却する

実用上，$n \geqq 10$ のとき用いられる。

演 1-7　以下の表 1.11 に示す女子大生本人と母親の身長のデータに関して，母相関係数が 0.5 であるといえるか。

表 1.11　女子大学生と母親の身長 (単位：cm)

本人	158	166	153	153	160	163	150	162	154	155	157	158
父親	165	175	170	165	165	161	162	167	160	173	174	172
母親	156	159	152	147	165	158	147	156	152	156	151	156

③ 母相関係数の差の検定

母相関係数が ρ_1, ρ_2 の 2 つの 2 変量正規分布に従う母集団からそれぞれ n_1, n_2 個のサンプルをとり，標本相関係数が r_1, r_2 であるとする。このとき

$$\begin{cases} \mathrm{H}_0 & : \quad \rho_1 - \rho_2 = \rho_0 \ (\text{既知}) \\ \mathrm{H}_1 & : \quad \rho_1 - \rho_2 \neq \rho_0 \end{cases}$$

を検定したい。r_1, r_2, ρ_0 をそれぞれ z 変換したものを z_1, z_2, ζ_0 とすれば，H_0 のもとで n_1, n_2 が十分大のとき，近似的に $z_1 - z_2$ は正規分布

$$N\left(\zeta_0, \frac{1}{n_1 - 3} + \frac{1}{n_2 - 3}\right)$$

に従うので，標準化した

$$u_0 = \frac{z_1 - z_2 - \zeta_0}{\sqrt{\dfrac{1}{n_1 - 3} + \dfrac{1}{n_2 - 3}}} \tag{1.31}$$

は H_0 のもとで標準正規分布に従う。そこで，次の検定法が採用される。

検定方式

母相関係数の差に関する検定

($\mathrm{H}_0 : \rho_1 - \rho_2 = \rho_0$ (既知), $\mathrm{H}_1 : \rho_1 - \rho_2 \neq \rho_0$) について

$|u_0| \geqq u(\alpha) \quad \Longrightarrow \quad \mathrm{H}_0$を棄却する

表 1.12 成績データ

No. ＼ 科目	情報科学	統計学
1	72	82
2	72	91
3	81	92
4	72	75
5	52	84
6	52	57
7	67	84
8	62	82
9	75	96
10	58	94
11	76	95
12	62	70
13	49	76
14	66	93
15	71	70

例 1-5 例 1-4 と異なる年度の大学生の情報科学と統計学の成績データの表 1.12 に関して，母相関係数は異なるといえるか有意水準 10%で検定せよ。

[解] 手順 1 データチェック (散布図の作成等)

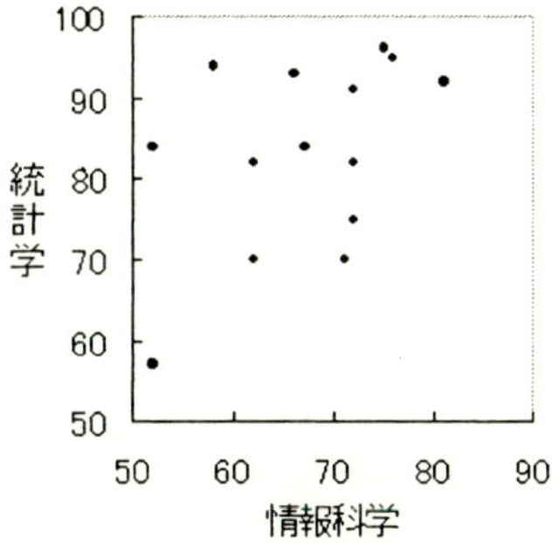

図 1.21 成績の散布図 (例 1-5)

散布図を作成すると図 1.21 のようになり，データの癖, 異常値もなさそうである。

手順 2 仮説および有意水準の設定

それぞれの母相関係数を ρ_1, ρ_2 とすると，以下のような仮説の検定となる。

$$\begin{cases} \mathrm{H}_0 & : \quad \rho_1 - \rho_2 = 0 \\ \mathrm{H}_1 & : \quad \rho_1 - \rho_2 \neq 0, \quad \text{有意水準}\ \alpha = 0.10 \end{cases}$$

手順 3 棄却域の設定 (検定方式の決定)

$n_1 = 12, n_2 = 15$ と，いずれも 10 以上なので近似条件も満たされるので，

$$u_0 = \frac{z_1 - z_2}{\sqrt{\dfrac{1}{n_1 - 3} + \dfrac{1}{n_2 - 3}}} \qquad \left(\zeta_0 = \frac{1}{2} \ln \frac{1+0}{1-0} = 0\right)$$

に基づいて棄却域 R を

$$R : |u_0| \geqq u(0.10) = 1.645$$

とする。

手順 4 検定統計量の計算

r_2 を求めるため，例 1-4 と同様に以下に補助表である表 1.13 を作成する。

表 1.13　補助表

項目 / No.	x	y	x^2	y^2	xy
1	72	82	5184	6724	5904
2	72	91	5184	8281	6552
3	81	92	6561	8464	7452
4	72	75	5184	5625	5400
5	52	84	2704	7056	4368
6	52	57	2704	3249	2964
7	67	84	4489	7056	5628
8	62	82	3844	6724	5084
9	75	96	5625	9216	7200
10	58	94	3364	8836	5452
11	76	95	5776	9025	7220
12	62	70	3844	4900	4340
13	49	76	2401	5776	3724
14	66	93	4356	8649	6138
15	71	70	5041	4900	4970
計	987 ①	1241 ②	66261 ③	104481 ④	82396 ⑤

表 1.13 より，

$$r_2 = \frac{⑤ - ① \times \dfrac{②}{15}}{\sqrt{③ - \dfrac{①^2}{15}}\sqrt{④ - \dfrac{②^2}{15}}} = \frac{82396 - 987 \times \dfrac{1241}{15}}{\sqrt{66262 - \dfrac{987^2}{15}}\sqrt{104481 - \dfrac{1241^2}{15}}}$$
$$= 0.478$$

と求められる。また例 1-4 より，$r_1 = 0.725$ であった。次に，r_1, r_2 をそれぞれ z 変換すると

$$z_1 = \frac{1}{2}\ln\frac{1 + 0.725}{1 - 0.725} = 0.918$$

(= 1/2*LN((1+0.725)/(1−0.725)) または =Fisher(0.725) : Excel での入力式),

$$z_2 = \frac{1}{2}\ln\frac{1 + 0.478}{1 - 0.478} = 0.520$$

と求まる。また $n_1 = 12, n_2 = 15$ でともに 10 以上なので，近似条件も満たされるとみなせる。そこで，検定統計量は

$$u_0 = (0.918 - 0.520)/\sqrt{1/9 + 1/12} = 0.903$$

と求まる。

手順 5　判定と結論

$u(0.10) = 1.645$ より $|u_0| = 0.903 < u(0.10)$ だから，有意水準10%で H_0 は棄却されない。つまり，有意な差があるとはいえない。□

演 1-8 演 1-6, 演 1-7 のデータを利用し，男子学生の父親との母相関係数と女子学生の母親との母相関係数に違いはあるか検定せよ。

(補 1-2) 多くの母相関係数が等しいかどうかの検定，つまり m 個の母集団の母相関係数を $\rho_1, \ldots, \rho_m$ とし，標本相関係数をそれぞれ $r_1, \ldots, r_m$ とするとき，H_0: $\rho_1 = \cdots = \rho_m$ を検定する。各 r_h $(h = 1, \ldots, m)$ を z 変換して，z_h とし

$$\bar{z} = \frac{(n_1 - 3)z_1 + \cdots + (n_m - 3)z_m}{(n_1 - 3) + \cdots + (n_m - 3)}$$

を計算し，$\chi_0^2 = (n_1 - 3)(z_1 - \bar{z})^2 + \cdots + (n_m - 3)(z_m - \bar{z})^2$ が，H_0 のもとで近似的に自由度 $m - 1$ のカイ 2 乗分布に従うことを利用して検定する。◁

④ 母相関係数 ρ の推定

n が十分大のとき，近似的に $\sqrt{n-3}(z - \zeta) \sim N(0, 1)$ だから

$$P\left(\left|\sqrt{n-3}(z - \zeta)\right| \leqq u(\alpha)\right) \fallingdotseq 1 - \alpha \tag{1.32}$$

である。そこで，

推定方式

ζ の点推定は，　$\hat{\zeta} = z = \dfrac{1}{2} \ln \dfrac{1 + r}{1 - r}$

ζ の信頼率 $100(1 - \alpha)\%$ の信頼区間は，

$$\zeta_L,\ \zeta_U = z \pm \frac{u(\alpha)}{\sqrt{n-3}} \tag{1.33}$$

である。さらに

推定方式

ρ の点推定は，　$\hat{\rho} = r$

ρ の信頼率 $100(1 - \alpha)\%$ の信頼区間は，

$$\text{下側信頼限界 } \rho_L = \frac{e^{2\zeta_L} - 1}{e^{2\zeta_L} + 1},\quad \text{上側信頼限界 } \rho_U = \frac{e^{2\zeta_U} - 1}{e^{2\zeta_U} + 1} \tag{1.34}$$

で与えられる。

例 1-6 例 1-4 のデータから，情報科学と統計学の母相関係数の 95%信頼区間を求めよ。

[解] 手順 1 点推定値を求める。

$$\widehat{\zeta_1} = \frac{1}{2}\ln\frac{1+\widehat{\rho_1}}{1-\widehat{\rho_1}} = \frac{1}{2}\ln\frac{1+r_1}{1-r_1} = 0.918$$

手順 2 ζ_L,ζ_U の計算。まず，数表を利用して公式に代入し，区間幅を計算する。

$$\text{区間幅} = \frac{u(0.05)}{\sqrt{n-3}} = \frac{1.96}{3} = 0.653$$

そこで，$\zeta_L = 0.918 - 0.653 = 0.265$，$\zeta_U = 0.918 + 0.653 = 1.571$

手順 3 z 変換の逆変換より求める。

$$\rho_L = \frac{e^{2\times0.265}-1}{e^{2\times0.265}+1} = 0.259,\ \rho_U = \frac{e^{2\times1.571}-1}{e^{2\times1.571}+1} = 0.917$$

なお，ρ_L の Excel での計算のための入力式は，

$$= (\exp(2 * 0.265) - 1)/(\exp(2 * 0.265) + 1)$$

である。□

演 1-9 演 1-6 のデータから，男子学生と父親の身長に関する母相関係数の 90%信頼区間を求めよ。

2章 回帰分析

2.1 回帰分析とは

販売高はどのような変量によって左右されるのか，経済全体の景気はどんな経済要因できまるのか，家計での支出は収入・家族数で説明できるか，入学後の成績は入学試験の結果で予測できるのか，両親の身長が共に高いと子供の身長も高いか，コンピュータの売上げ高は保守サービス拠点数, 保守サービス員数, 保守料金で説明されるか，$\cdots$ など，社会，日常生活において，原因を説明したり，予測したい事柄はたくさんある。

このような場合に，原因と考えられる変数 (量) を**説明変数** (explanatory variable)(独立変数, $\cdots$) といい，結果となる変数 (量) を**目的変数** (criterion variable)(従属変数，被説明変数，外的基準) という。これらの変数の間に一方向の因果関係があると考え，結果となる変数の変動は 1 個あるいは複数個の説明変数によって説明されると考えるのである。つまり，指定できる変数$(x_1, \cdots, x_p)$ に対して，次のような対応があると考える。

説明変数 (量)	関数 f	目的変数 (量)
$x_1,\cdots,x_p$	$\longrightarrow$	y
原因	対応	結果

このように，ある変数 (量) がいくつかの変数 (量) によってきまることの分析をする因果関係の解析手法の 1 つに，**回帰分析** (regression anaysis) がある。この回帰という表現は，19 世紀後半にイギリスの科学者フランシス・ゴールトン卿が最初に使ったといわれている。実際の目的とされる変数は，誤差 ε(イプシロン) を伴って観測され，以下のように書かれる。

$$(2.1) \qquad \underbrace{y}_{\text{目的変数}} = \underbrace{f(x_1, \cdots, x_p)}_{f(\text{説明変数})} + \underbrace{\varepsilon}_{\text{誤差}}$$

更に，$f(x_1,\cdots,x_p)$ が $x_1,\cdots,x_p$ の線形な式 (それぞれ，定数 β_0(ベータゼロ), $\cdots$, β_p(ベータピー) 倍して足した和の形で，1 次式ともいう) のとき，**線**

形回帰モデル (linear regression model) という。つまり，

$$(2.2)\qquad f(x_1,\cdots,x_p)=\beta_0+\beta_1x_1+\cdots+\beta_px_p \iff f(\boldsymbol{x})=\boldsymbol{\beta}^T\boldsymbol{x}$$

(ただし，$\boldsymbol{x}=(1,x_1,\cdots,x_p)^T$,　$\boldsymbol{\beta}=(\beta_0,\beta_1,\cdots,\beta_p)^T$ である。)
と書かれる場合である。そして，線形回帰モデルで説明変数が1個のときには，**単回帰モデル** (simple regression model) といい，説明変数が2個以上のとき，**重回帰モデル** (multiple regression model) という。また $f(x_1,\cdots,x_p)$ が $x_1,\cdots,x_p$ の非線形な式のときには，**非線形回帰モデル** (non-linear regression model) という。例えば, x についての2次関数 $y=x^2$, 無理関数 $y=\sqrt{x}$, 分数関数 $y=\frac{1}{x}$, 対数関数 $y=\log x$ などは非線形な式である。実際には，以下のような非線型なモデルが考えられている。

$$y=ax^b,\quad y=ae^{bx},\quad y=a+b\log x,\quad y=\frac{x}{a+bx},\quad y=\frac{e^{a+bx}}{1+e^{a+bx}}$$

そして，図2.1のように分類される。

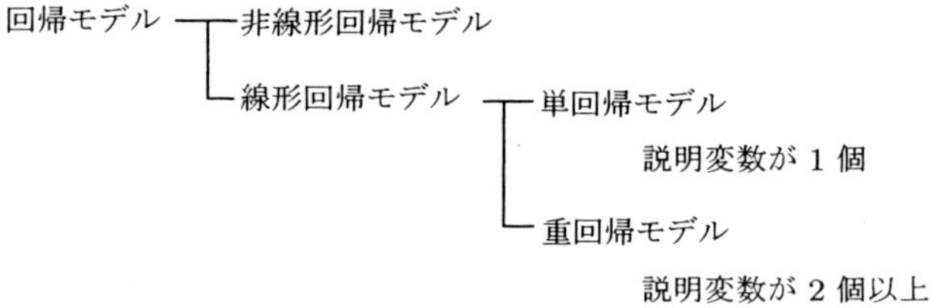

図 2.1　回帰モデルの分類

2.2　単回帰分析

2.2.1　繰り返しがない場合

(1) モデルの設定と回帰式の推定

説明変数が1個の場合で，目的変数 y が式 (2.3) のように回帰式と誤差の和で書かれる場合である。ここに，x が指定できることが相関分析との違いである。

$$(2.3)\qquad y=f(x)+\varepsilon=\beta_0+\beta_1x+\varepsilon$$

これを n 個の観測値 $y_1, \cdots, y_n$ が得られる場合について書くと，式 (2.4) のようになる。

$$y_i = \beta_0 + \beta_1 x_i + \varepsilon_i \quad (i = 1, \cdots, n) \tag{2.4}$$

ここに，β_0 を**母切片**，β_1 を**母回帰係数**といい，まとめて**回帰母数**という。そして ε が**誤差**であり，誤差には普通，次の 4 個の仮定(四つのお願い) がされる。**不等独正**（フトウドクセイ）と覚えれば良いだろう。

- (i) **不偏性** ($E[\varepsilon_i] = 0$)
- (ii) **等分散性** ($V[\varepsilon_i] = \sigma^2$)
- (iii) **独立性** (誤差 ε_i と ε_j が独立 $(i \neq j)$)
- (iv) **正規性** (誤差の分布が正規分布に従っている)

(i) ～ (iv) は，まとめて $\varepsilon_1, \cdots, \varepsilon_n \overset{i.i.d.}{\sim} N(0, \sigma^2)$ のようにかける。ただし，*i.i.d.* は independent identically distributed の略であり，互いに独立に同一の分布に従うことを意味する。そこで，このモデルは図 2.2 のように直線 $f = \beta_0 + \beta_1 x$ のまわりに，正規分布に従う誤差 ε が加わってデータが得られることを仮定している。各 i サンプルについて，$x = x_i$ と指定すればデータ y_i は，$\beta_0 + \beta_1 x_i$ に誤差 ε_i が加わって得られる。

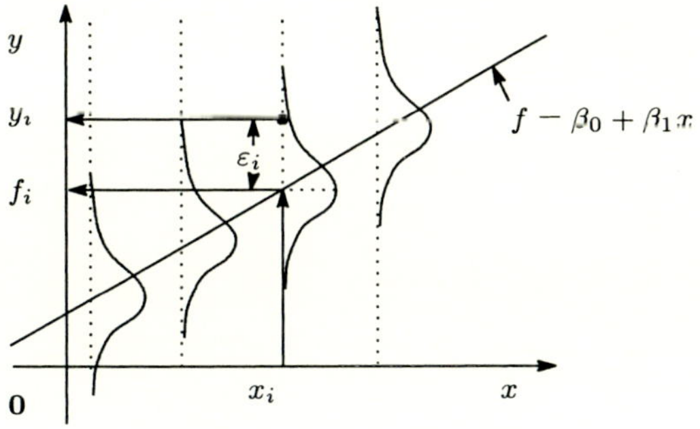

図 2.2 (単) 回帰モデル

ここでまた，上記の式を行列表現での成分を使って書けば，次のようになる。

$$(2.5)\quad \begin{pmatrix} y_1 \\ y_2 \\ \vdots \\ y_n \end{pmatrix}_{n\times 1} = \begin{pmatrix} 1 & x_1 \\ 1 & x_2 \\ \vdots & \vdots \\ 1 & x_n \end{pmatrix}_{n\times 2} \begin{pmatrix} \beta_0 \\ \beta_1 \end{pmatrix}_{2\times 1} + \begin{pmatrix} \varepsilon_1 \\ \varepsilon_2 \\ \vdots \\ \varepsilon_n \end{pmatrix}_{n\times 1}$$

$\Longleftrightarrow$ (ベクトル・行列表現)

$$(2.6)\quad \boldsymbol{y} = X\boldsymbol{\beta} + \boldsymbol{\varepsilon}, \qquad \boldsymbol{\varepsilon} \sim N_n(\mathbf{0}, \sigma^2 I_n)$$

ただし,

$$\boldsymbol{y} = \begin{pmatrix} y_1 \\ y_2 \\ \vdots \\ y_n \end{pmatrix}, X = \begin{pmatrix} 1 & x_1 \\ 1 & x_2 \\ \vdots & \vdots \\ 1 & x_n \end{pmatrix}_{n\times 2}, \boldsymbol{\beta} = \begin{pmatrix} \beta_0 \\ \beta_1 \end{pmatrix}, \boldsymbol{\varepsilon} = \begin{pmatrix} \varepsilon_1 \\ \varepsilon_2 \\ \vdots \\ \varepsilon_n \end{pmatrix}$$

である。なお, $\mathbf{1} = \begin{pmatrix} 1 \\ 1 \\ \vdots \\ 1 \end{pmatrix}$, $\boldsymbol{x} = \begin{pmatrix} x_1 \\ x_2 \\ \vdots \\ x_n \end{pmatrix}$ とおけば, $X = (\mathbf{1}, \boldsymbol{x})$ と列ベクトル表示される。

(注 2-1)　正規分布に従う変数が互いに独立であることと，共分散が 0 であることは同値になることに注意しよう。一般の分布では，同値にはならない。◁

データ行列は，表 2.1 のような表になる。

表 2.1　データ表

データ番号 ＼ 変量	x	y
1	x_1	y_1
2	x_2	y_2
$\vdots$	$\vdots$	$\vdots$
n	x_n	y_n

計算を簡単にするため，式 (2.4) ~ (2.6) は次のように変形されることも多い。

$$
\begin{aligned}
(2.7)\quad y_i &= \beta_0 + \beta_1 x_i + \varepsilon_i \\
&= \underbrace{\beta_0 + \beta_1 \overline{x}}_{=\alpha} + \beta_1(x_i - \overline{x}) + \varepsilon_i = \alpha + \beta_1(x_i - \overline{x}) + \varepsilon_i \\
&= (1 \quad x_i - \overline{x}) \begin{pmatrix} \beta_0 + \beta_1 \overline{x} \\ \beta_1 \end{pmatrix} + \varepsilon_i
\end{aligned}
$$

$\Longleftrightarrow$ $\alpha = \beta_0 + \beta_1 \overline{x}$ とおくと

$$
(2.8)\quad \begin{pmatrix} y_1 \\ y_2 \\ \vdots \\ y_n \end{pmatrix} = \begin{pmatrix} 1 & x_1 - \overline{x} \\ 1 & x_2 - \overline{x} \\ \vdots & \\ 1 & x_n - \overline{x} \end{pmatrix} \begin{pmatrix} \alpha \\ \beta_1 \end{pmatrix} + \begin{pmatrix} \varepsilon_1 \\ \varepsilon_2 \\ \vdots \\ \varepsilon_n \end{pmatrix}
$$

$\Longleftrightarrow$ (ベクトル・行列表現)

$$
(2.9)\quad \boldsymbol{y} = \tilde{X}\tilde{\boldsymbol{\beta}} + \boldsymbol{\varepsilon}, \qquad \boldsymbol{\varepsilon} \sim N_n(\boldsymbol{0}, \sigma^2 I_n)
$$

ただし,

$$
\boldsymbol{y} = \begin{pmatrix} y_1 \\ y_2 \\ \vdots \\ y_n \end{pmatrix}, \ \tilde{X} = \begin{pmatrix} 1 & x_1 - \overline{x} \\ 1 & x_2 - \overline{x} \\ \vdots & \vdots \\ 1 & x_n - \overline{x} \end{pmatrix}, \ \tilde{\boldsymbol{\beta}} = \begin{pmatrix} \alpha \\ \beta_1 \end{pmatrix}, \ \boldsymbol{\varepsilon} = \begin{pmatrix} \varepsilon_1 \\ \varepsilon_2 \\ \vdots \\ \varepsilon_n \end{pmatrix}
$$

である。

次に, データから回帰式を求める (推定する：直線を決める) には, y 切片 β_0 と傾き β_1 がわかれば良い。求める基準としては, モデルとデータの離れ具合が小さいほど良いと考えられる。そして, 離れ具合 (当てはまりの良さ) を測る物指しとしては, 普通, 誤差の平方和が採用されている。他に, 絶対偏差なども考えられている。図 2.3 で, データ (x_i, y_i) と直線上の点 $(x_i, \beta_0 + \beta_1 x_i)$ との誤差 ε_i の 2 乗を各点について足したもの, つまり $\sum_{i=1}^n \varepsilon_i^2$ が誤差の平方和である。そこで, 次の式 (2.10) を最小にするように β_0 と β_1 を決めれば良い。

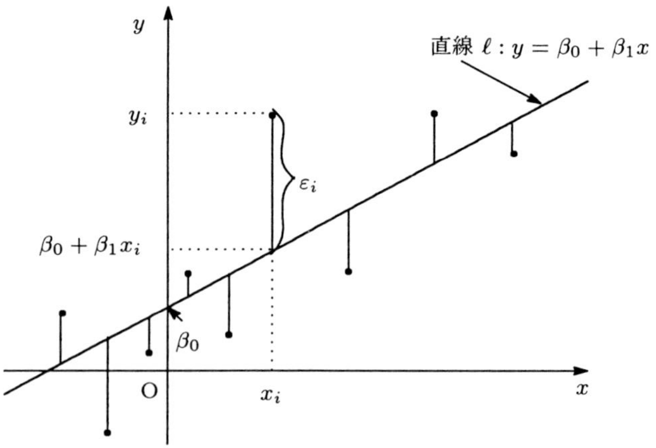

図 2.3　データとモデルとのずれ

$$(2.10) \quad Q(\beta_0, \beta_1) = \sum_{i=1}^{n} \varepsilon_i^2 = \sum_{i=1}^{n} \Big\{ y_i - (\beta_0 + \beta_1 x_i) \Big\}^2 \quad \searrow \quad (\text{最小化})$$

$\Longleftrightarrow$ (ベクトル・行列表現)

$$(\boldsymbol{y} - X\boldsymbol{\beta})^T (\boldsymbol{y} - X\boldsymbol{\beta}) \searrow \quad (\text{最小化})$$

このように誤差の2乗和を最小にすることで β_0, β_1 を求める方法を，**最小2 (自) 乗法** (method of least squares) という。最小化する β_0, β_1 をそれぞれ $\widehat{\beta}_0, \widehat{\beta}_1$ で表すと，次式で与えられる。

公式

$$(2.11) \quad \widehat{\beta}_1 = \frac{S_{xy}}{S_{xx}} = S^{xx} S_{xy}, \qquad \widehat{\beta}_0 = \overline{y} - \widehat{\beta}_1 \overline{x} \quad (S_{xx}^{-1} = S^{xx})$$

$\Longleftrightarrow$ (ベクトル・行列表現)

$$\widehat{\boldsymbol{\beta}} = (X^T X)^{-1} X^T \boldsymbol{y}$$

なお，$S_{xx} = \sum_{i=1}^{n} (x_i - \overline{x})^2, \quad S_{xy} = \sum_{i=1}^{n} (x_i - \overline{x})(y_i - \overline{y})$ である。

[解]　Q を β_0, β_1 について偏微分して 0 とおき，β_0, β_1 について連立方程式を解けば良い。実際，以下の方程式となる。

$$
(2.12) \quad \begin{cases} \dfrac{\partial Q}{\partial \beta_0} = -\displaystyle\sum_{i=1}^{n} 2\Big\{y_i - (\beta_0 + \beta_1 x_i)\Big\} = 0 \\ \dfrac{\partial Q}{\partial \beta_1} = -\displaystyle\sum_{i=1}^{n} 2\Big\{y_i - (\beta_0 + \beta_1 x_i)\Big\} x_i = 0 \end{cases}
$$

式 (2.12) の上の式から, $\overline{y} = \beta_0 + \beta_1 \overline{x}$ が導かれ，$\beta_0 = \overline{y} - \beta_1 \overline{x}$ を式 (2.12) の下の式に代入すると，$\sum(y_i - \overline{y})x_i - \beta_1 \sum(x_i - \overline{x})x_i = 0$ が成立する。この式の左辺を $\sum(y_i - \overline{y})\overline{x} = 0, \sum(x_i - \overline{x})\overline{x} = 0$ に注意して変形することで，$S_{xy} - \beta_1 S_{xx} = 0$ が導かれ，β_1 について解けば求める結果が得られる。

$\Longleftrightarrow$ (ベクトル・行列表現)

$$
\frac{\partial Q}{\partial \boldsymbol{\beta}} = -2X^T(\boldsymbol{y} - X\boldsymbol{\beta}) = \boldsymbol{0}
$$

より，$X^T\boldsymbol{y} = X^T X\boldsymbol{\beta}$ である。そこで，$X^T X$: 正則のとき逆行列をかけて，

$\widehat{\boldsymbol{\beta}} = (X^T X)^{-1} X^T \boldsymbol{y}$ と求まる。□

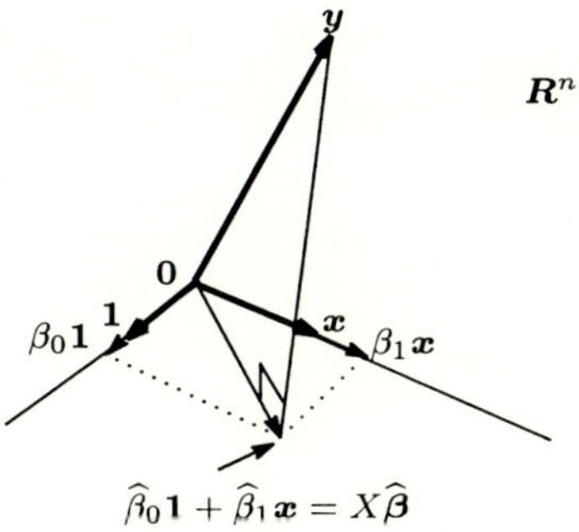

図 2.4 $\boldsymbol{y}$ から X の列ベクトルの張る空間への正射影

幾何的には，図 2.4 のように点 $\boldsymbol{y}$ からベクトル $\boldsymbol{1}, \boldsymbol{x}$ の張る空間への正射影を求めることである。$X\boldsymbol{\beta} = (\boldsymbol{1}, \boldsymbol{x})\boldsymbol{\beta} = \beta_0 \boldsymbol{1} + \beta_1 \boldsymbol{x}$ より，$X\boldsymbol{\beta}$ はベクトル $\boldsymbol{1}, \boldsymbol{x}$ の線形結合，つまりこれらのベクトルの張るベクトル空間を表している。$X\widehat{\boldsymbol{\beta}}$ を $\boldsymbol{y}$ の正射影とすれば，$\boldsymbol{y} - X\widehat{\boldsymbol{\beta}} \perp \boldsymbol{1}$，$\boldsymbol{y} - X\widehat{\boldsymbol{\beta}} \perp \boldsymbol{x}$ だから，$\boldsymbol{1}^T(\boldsymbol{y} - X\widehat{\boldsymbol{\beta}}) = 0$，$\boldsymbol{x}^T(\boldsymbol{y} - X\widehat{\boldsymbol{\beta}}) = 0$ (これらは式 (2.12) に対応する。) が成立する。行列にまとめて

$$
\begin{pmatrix} \boldsymbol{1}^T \\ \boldsymbol{x}^T \end{pmatrix} (\boldsymbol{y} - X\widehat{\boldsymbol{\beta}}) = X^T(\boldsymbol{y} - X\widehat{\boldsymbol{\beta}}) = \boldsymbol{0} \quad \therefore \quad X^T\boldsymbol{y} = X^T X\widehat{\boldsymbol{\beta}}
$$

これを解くと，$X^T X$: 正則なとき，$X\widehat{\boldsymbol{\beta}} = X(X^T X)^{-1} X^T \boldsymbol{y}$ □

次に，推定される回帰式は

$$y = \widehat{\beta}_0 + \widehat{\beta}_1 x = \overline{y} + \widehat{\beta}_1(x - \overline{x}) = \overline{y} + \frac{S_{xy}}{S_{xx}}(x - \overline{x})$$

より

公式

(2.13) $$y - \overline{y} = \frac{S_{xy}}{S_{xx}}(x - \overline{x}) = r_{xy}\sqrt{\frac{S_{yy}}{S_{xx}}}(x - \overline{x})$$

となる。これは点 $(\overline{x}, \overline{y})$ を通る直線であり，y の x への**回帰直線** (regression line of y on x) と呼ぶ。また，$\widehat{\beta}_1$ を回帰係数 (regression coefficient) と呼ぶ。

逆に，x への y の回帰直線 (regression line of x on y) は

(2.14) $$x - \overline{x} = \frac{S_{yx}}{S_{yy}}(y - \overline{y}) \qquad (S_{yx} = S_{xy})$$

である。

(補 2-1) ① 式 (2.7) ～ (2.9) を使うと計算が簡単であり，見通しが良い。以下に，そのことをみよう。(α, β_1) について，誤差の 2 乗和

$$Q(\alpha, \beta_1) = \sum \varepsilon_i^2 = \sum \Big\{y_i - \alpha - \beta_1(x_i - \overline{x})\Big\}^2$$

を最小化する。そこで，Q を α, β_1 について偏微分すると，式 (2.15) が導かれる。

(2.15) $$\begin{cases} \dfrac{\partial Q}{\partial \alpha} = -\displaystyle\sum_{i=1}^{n} 2\Big\{y_i - \alpha - \beta_1(x_i - \overline{x})\Big\} = 0 \\ \dfrac{\partial Q}{\partial \beta_1} = -\displaystyle\sum_{i=1}^{n} 2\Big\{y_i - \alpha - \beta_1(x_i - \overline{x})\Big\}(x_i - \overline{x}) = 0 \end{cases}$$

次に式 (2.15) の上の式は $-\sum y_i + n\alpha = 0$ と変形され，$\widehat{\alpha} = \overline{y}$ と求まる。また，式 (2.15) の下の式は

$$\sum y_i(x_i - \overline{x}) - \beta_1 \underbrace{\sum (x_i - \overline{x})^2}_{=S_{xx}} = \underbrace{\sum (y_i - \overline{y})(x_i - \overline{x})}_{=S_{xy}} - \beta_1 S_{xx} = 0$$

と変形され，$\widehat{\beta}_1 = \dfrac{S_{xy}}{S_{xx}}$ と求まる。

② 微分しないで式変形で導くには，以下のように変形する。

(2.16) $$Q(\alpha, \beta_1) = \sum \Big\{y_i - \alpha - \beta_1(x_i - \overline{x})\Big\}^2$$

$$= \sum(y_i - \alpha)^2 - 2\beta_1 \sum(y_i - \alpha)(x_i - \overline{x}) + \beta_1^2 \sum(x_i - \overline{x})^2$$

$$= \sum(y_i - \alpha)^2 - 2\beta_1 \sum y_i(x_i - \overline{x}) + \beta_1^2 \sum(x_i - \overline{x})^2$$

そして，式 (2.16) の最後の式の第 1 項は

$$\sum y_i^2 - 2\alpha \sum y_i + n\alpha^2 = n(\alpha - \overline{y})^2 + S_{yy} \qquad (\alpha \text{の 2 次関数})$$

であり，式 (2.16) の最後の式の第 2 項+第 3 項は

$$-2\beta_1 S_{xy} + \beta_1^2 S_{xx} = S_{xx}\left(\beta_1 - \frac{S_{xy}}{S_{xx}}\right)^2 - \frac{S_{xy}^2}{S_{xx}} \qquad (\beta_1 \text{の 2 次関数})$$

と変形される。そこで，2 つの独立な変数 (α, β_1) についての 2 次関数の最小化より，それぞれ

$$\widehat{\alpha} = \overline{y}, \quad \widehat{\beta}_1 = \frac{S_{xy}}{S_{xx}}$$

で最小化される。そのときの Q の最小値は $S_{yy} - \dfrac{S_{xy}^2}{S_{xx}}$ である。◁

例 2-1(回帰式の計算)　表 2.2 の全国のいくつかの県の，1 世帯あたりの平均月収入額 (x 万円) と支出額 (y 万円) のデータに，回帰直線をあてはめたときの y の x への回帰直線の式を最小 2 乗法により求めよ (百円単位を四捨五入)。総務庁統計局「家計調査年報」(1996 年版) より。

表 2.2　平均月収額と支出額

県 No.	平均月収額 (万円) x	月消費額 (万円) y
鳥取 1	70.2	38.3
島根 2	60.1	32.6
岡山 3	57.5	32.7
広島 4	54.9	34.9
山口 5	62.4	35.1
徳島 6	61.1	36.6
香川 7	55.7	32.3
愛媛 8	56.4	31.4
高知 9	58.5	34.9
和歌山 10	54.0	31.8

[解] 手順 1　前提条件の確認 (散布図の作成，モデルの設定，データのプロット等)。図 2.5 の散布図より，特に異常なデータもなさそうである。

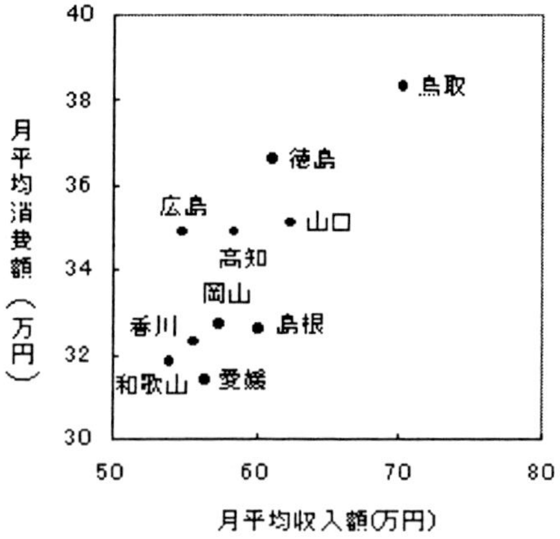

図 2.5　散布図

手順 2　補助表の作成

S_{xx}, S_{xy} など公式の値を求めるため，以下のような表 2.3 の補助表を作成する。

表 2.3　補助表

No.	x	y	x^2	y^2	xy
1	70.2	38.3	4928.04	1466.89	2688.66
2	60.1	32.6	3612.01	1062.76	1959.26
3	57.5	32.7	3306.25	1069.29	1880.25
4	54.9	34.9	3014.01	1218.01	1916.01
5	62.4	35.1	3893.76	1232.01	2190.24
6	61.1	36.6	3733.21	1339.56	2236.26
7	55.7	32.3	3102.49	1043.29	1799.11
8	56.4	31.4	3180.96	985.96	1770.96
9	58.5	34.9	3422.25	1218.01	2041.65
10	54.0	31.8	2916.00	1011.24	1717.20
計	590.8 ①	340.6 ②	35108.98 ③	11647.02 ④	20199.6 ⑤

手順 3　回帰式の計算

公式に代入して回帰式を求める。

$$\overline{x} = \frac{\sum_{i=1}^{n} x_i}{n} = \frac{①}{n} = \frac{590.8}{10} = 59.08, \qquad \overline{y} = \frac{\sum_{i=1}^{n} y_i}{n} = \frac{②}{n} = \frac{340.6}{10} = 34.06,$$

$$S_{xx} = \sum_{i=1}^{n}(x_i - \overline{x})^2 = \sum_{i=1}^{n} x_i^2 - \frac{(\sum_{i=1}^{n} x_i)^2}{n}$$

$$= ③ - \frac{①^2}{10} = 35108.98 - \frac{590.8^2}{10} = 204.516,$$

$$S_{xy} = \sum_{i=1}^{n}(x_i - \overline{x})(y_i - \overline{y}) = \sum_{i=1}^{n} x_i y_i - \frac{(\sum_{i=1}^{n} x_i)(\sum_{i=1}^{n} y_i)}{n}$$

$$= ⑤ - \frac{① \times ②}{n} = 20199.6 - \frac{590.8 \times 340.6}{10} = 76.952$$

そこで,

$$\widehat{\beta}_1 = \frac{S_{xy}}{S_{xx}} = 0.376, \quad \widehat{\beta}_0 = \overline{y} - \widehat{\beta}_1 \overline{x} = 11.85$$

である。また回帰式は

$$y - \overline{y} = \frac{S_{xy}}{S_{xx}}(x - \overline{x})(y = \widehat{\beta}_0 + \widehat{\beta}_1 x)$$

より　$y - 34.06 = 0.376(x - 59.08)$, つまり

$$y = 0.376x + 11.85$$

と求まり，図 2.5 に回帰式の直線を記入する。□

演 2-1　以下に示す表 2.4 の小売店のいくつかの県での，年間の販売額 y(億円/年) を売り場面積 x(万 m^2) で説明するとき，回帰式を求めよ。

表 2.4　県別小売店の売場面積と販売高

県 No.	売り場面積 (万 m^2) x	年間販売額 (億円) y
1	69.9	6944
2	92.9	7935
3	235.2	21520
4	350.9	35451
5	168.3	16542
6	95.1	8248
7	119.0	13470
8	168.6	15100
9	111.4	8418
10	543.9	54553
11	87.9	8896
12	138.9	14395

演 2-2　以下に示す表 2.5 の大学生の月平均支出額 y(万円) を，月平均収入額 x(万円) で回帰するときの回帰式を推定せよ。

表 2.5 大学生の月収入額と支出額

No.	収入額 (万円) x	支出額 (万円) y
1	15	11
2	13	10
3	13	13
4	18.5	15.6
5	15	8
6	16	10
7	13	12
8	10.5	10
9	18	16
10	14.2	14.4
11	17	16
12	14	14
13	16	14.8
14	11	10
15	13	9.1
16	20	17
17	15	15
18	30	20
19	13.6	11.2
20	15	14

（2）あてはまりの良さ

予測値 $\widehat{y_i}=\widehat{\beta}_0+\widehat{\beta}_1 x_i (i=1,\cdots,n)$ と実際のデータ y_i との離れ具合は，$y_i-\widehat{y_i}$ でこれを**残差** (residual) といい，e_i で表す。

そして，データと平均との差の分解をすると

$$\underbrace{y_i-\overline{y}}_{\text{データと平均との差}}=y_i-\widehat{y_i}+\widehat{y_i}-\overline{y}=\underbrace{e_i}_{\text{残差}}+\underbrace{\widehat{y_i}-\overline{y}}_{\text{回帰による偏差}} \tag{2.17}$$

となる。

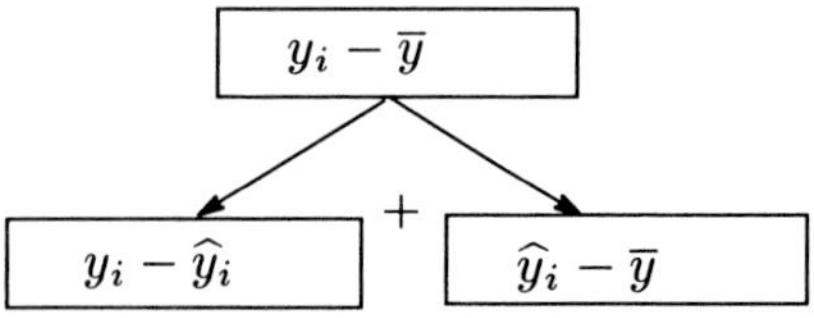

そこで, 図 2.6 のように図示されることがわかる。

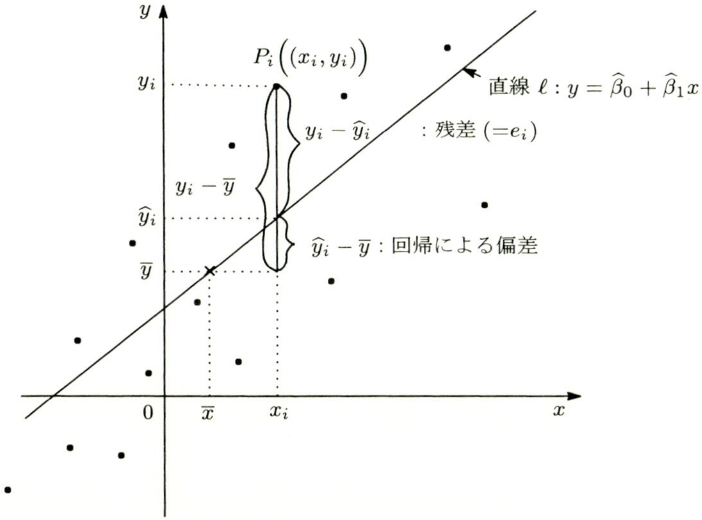

図 2.6 各データと平均との差の分解

そして，式 (2.17) の両辺を 2 乗して, i について 1 から n まで和をとると，次の全変動 (平方和) の分解の式が得られる。ただし,

$$\widehat{y}_i - \overline{y} = \widehat{\beta}_0 + \widehat{\beta}_1 x_i - \overline{y} = \overline{y} - \widehat{\beta}_1 \overline{x} + \widehat{\beta}_1 x_i - \overline{y} = \widehat{\beta}_1 (x_i - \overline{x})$$

より $\displaystyle\sum_{i=1}^{n} e_i(\widehat{y}_i - \overline{y}) = \widehat{\beta}_1 \sum_{i=1}^{n} e_i x_i - \widehat{\beta}_1 \overline{x} \sum_{i=1}^{n} e_i$ と変形され，式 (2.12) の下の式より $\displaystyle\sum_{i=1}^{n} e_i x_i = 0$ かつ 式 (2.12) の上の式から $\displaystyle\sum_{i=1}^{n} e_i = 0$ が成立するので，積の項が消えることに注意して

$$(2.18) \quad \underbrace{\sum_{i=1}^{n}(y_i - \overline{y})^2}_{\text{全変動}} = \sum_{i=1}^{n} e_i^2 + \sum_{i=1}^{n}(\widehat{y}_i - \overline{y})^2 + 2\underbrace{\sum_{i=1}^{n} e_i(\widehat{y}_i - \overline{y})}_{=0}$$

$$= \underbrace{\sum_{i=1}^{n} e_i^2}_{\text{残差変動}} + \underbrace{\sum_{i=1}^{n}(\widehat{y}_i - \overline{y})^2}_{\text{回帰による変動}}$$

が成立する。ここに，$S_T = S_{yy}$ であり,

$$S_R = \sum_{i=1}^{n}(\widehat{y}_i - \overline{y})^2 = \widehat{\beta}_1^2 \sum_{i=1}^{n}(x_i - \overline{x})^2 = \frac{S_{xy}^2}{S_{xx}^2} S_{xx} = \frac{S_{xy}^2}{S_{xx}} = \widehat{\beta}_1 S_{xy},$$

$$S_e = S_T - S_R = S_{yy} - \frac{S_{xy}^2}{S_{xx}}$$

である。以上のことをベクトルを使って書くと，$\boldsymbol{y} - \widehat{\boldsymbol{y}} \perp \widehat{\boldsymbol{y}} - \overline{\boldsymbol{y}}$(直交) より

(2.19) $$\|\boldsymbol{y} - \overline{\boldsymbol{y}}\|^2 = \|\boldsymbol{y} - \widehat{\boldsymbol{y}}\|^2 + \|\widehat{\boldsymbol{y}} - \overline{\boldsymbol{y}}\|^2 = \|\boldsymbol{y} - X\widehat{\boldsymbol{\beta}}\|^2 + \|X\widehat{\boldsymbol{\beta}} - \overline{\boldsymbol{y}}\|^2$$

ここに，$\widehat{\boldsymbol{\beta}} = (X^T X)^{-1} X^T \boldsymbol{y}$ である。そこで，図 2.7 のように分解される。

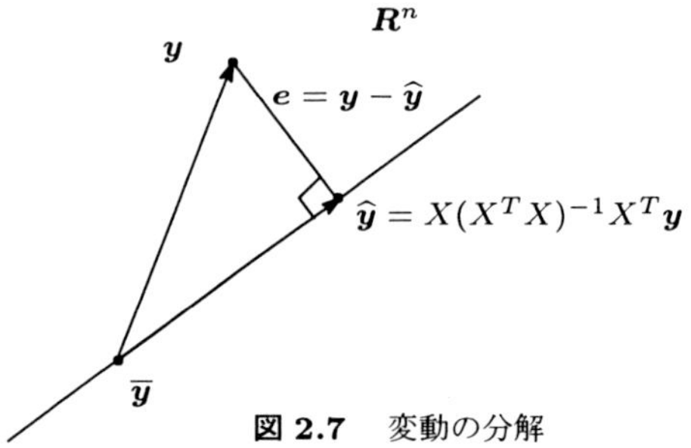

図 2.7 変動の分解

つまり，

$$\underbrace{\text{全変動 (平方和)}}_{S_T} = \underbrace{\text{残差変動 (平方和)}}_{S_e} + \underbrace{\text{回帰による変動 (平方和)}}_{S_R}$$

と分解される。そこで，全変動のうちの回帰による変動の割合

(2.20) $$\frac{S_R}{S_T} = 1 - \frac{S_e}{S_T}$$

は，回帰モデルの**あてはまりの良さ**を表す尺度 (x で，どれだけ (全) 変動が説明できるか) とみられ，これを**寄与率** (proportion) または**決定係数** (coefficient of determination) といい，R^2 で表す。

また各平方和について，自由度 (degrees of freedom : DF) は次のようになる。

総平方和 $S_T(= S_{yy})$ の自由度　$\phi_T =$ データ数 $- 1 = n - 1$,

回帰平方和 S_R の自由度　$\phi_R = 1$,

残差平方和 S_e の自由度　$\phi_e = \phi_T - \phi_R = n-2$

そして，変動の分解を表 2.6 のようにまとめて，分散分析表に表す。

表 2.6　分散分析表

要因	平方和 S	自由度 ϕ	不偏分散 V	分散比 F 値 (F_0)	期待値 $E(V)$
回帰による (R)	S_R	ϕ_R	V_R	$\dfrac{V_R}{V_e}$	$\sigma^2 + \beta_1^2 S_{xx}$
回帰からの残差 (e)	S_e	ϕ_e	V_e		σ^2
全変動 (T)	S_T	ϕ_T			

$$S_R = S_{xy}^2/S_{xx}, S_e = S_{yy} - S_R, S_T = S_{yy}$$
$$\phi_R = 1, \phi_e = n-2, \phi_T = n-1$$
$$V_R = S_R/\phi_R = S_R, V_e = S_e/\phi_e = S_e/(n-2)$$

(注 2-2)　期待値については，基礎的な確率・統計の本を参照されたい。 ◁

y と予測値 $\widehat{y}$ の相関係数を $r_{y\widehat{y}}$ で表し，これを特に**重相関係数** (multiple correlation coefficient) という。本によって R で表しているが，相関行列を表すのに同じ文字 R を用いているので，混同しないようにしていただきたい。

$$(2.21)\quad S_{y\widehat{y}} = \sum_{i=1}^{n}(y_i - \overline{y})(\widehat{y}_i - \overline{y}) = \sum_{i=1}^{n}(y_i - \widehat{y}_i + \widehat{y}_i - \overline{y})(\widehat{y}_i - \overline{y})$$
$$= \underbrace{\sum_{i=1}^{n} e_i(\widehat{y}_i - \overline{y})}_{=0} + \sum_{i=1}^{n}(\widehat{y}_i - \overline{y})^2 = S_R$$

だから，

$$(2.22)\quad r_{y\widehat{y}} = \frac{S_{y\widehat{y}}}{\sqrt{S_{yy}}\sqrt{S_{\widehat{y}\widehat{y}}}} = \frac{\displaystyle\sum_{i=1}^{n}(y_i - \overline{y})(\widehat{y}_i - \overbrace{\overline{\widehat{y}}}^{=\overline{y}})}{\sqrt{\displaystyle\sum_{i=1}^{n}(y_i - \overline{y})^2}\sqrt{\displaystyle\sum_{i=1}^{n}(\widehat{y}_i - \overline{y})^2}}$$
$$= \frac{S_R}{\sqrt{S_T}\sqrt{S_R}} = \sqrt{\frac{S_R}{S_T}} = \sqrt{R^2}$$

であり，次の関係がある。

公式

(2.23) $r_{y\hat{y}}^2 = \dfrac{S_R}{S_T}$ つまり，y と予測値 $\widehat{y}$ の相関係数 ^{2}=寄与率

例 2-2(寄与率の計算) 例 2-1 のデータに関して，平均月収額による消費額に対する寄与率を求めよ。

[解] 手順 1 S_T, S_R を求める。$S_T = S_{yy}$ より，

$$S_T = \sum(y_i - \overline{y})^2 = \sum y_i^2 - \frac{(\sum y_i)^2}{n} = 11647.02 - \frac{340.6^2}{10} = 46.18$$ である。

また，$S_R = \dfrac{S_{xy}^2}{S_{xx}}$ より，$S_R = \dfrac{76.952^2}{204.516} = 28.95$ である。

手順 2 寄与率 $= R^2 = \dfrac{S_R}{S_T}$ を求める。

寄与率の式に代入して，$R^2 = \dfrac{28.95}{46.18} = 0.627$ と求まる。つまり，消費額のバラツキの 62.7%が，平均月収額で説明されることがわかる。なお，相関係数は $r_{y\widehat{y}} = 0.792$ で 2 乗すれば 0.627 となり，寄与率と等しいことが確認される。□

演 2-3 演 2-1, 演 2-2 での寄与率を求めよ。

演 2-4 以下のある年の少年野球チームの勝率について，チーム打率で回帰する場合の寄与率，およびチーム得点/失点で回帰するときの寄与率を求めよ。

表 2.7 少年野球チーム勝率表

チーム名＼項目	勝率	打率	得点/失点
A	0.585	0.277	1.23
B	0.556	0.248	1.07
C	0.541	0.267	1.15
D	0.489	0.253	0.900
E	0.444	0.265	0.943
F	0.385	0.242	0.764

(3) 回帰に関する検定・推定

1) 回帰係数に関する検定

① β_1 について，ある既知の値 β_1° と等しいかどうかを検定

仮説は

$$\begin{cases} \text{帰無仮説} & H_0 \quad : \quad \beta_1 = \beta_1^\circ \quad (\beta_1^\circ\text{: 既知}) \\ \text{対立仮説} & H_1 \quad : \quad \beta_1 \neq \beta_1^\circ \end{cases}$$

である。そして，$\dfrac{\widehat{\beta}_1-\beta_1}{\sqrt{\sigma^2/S_{xx}}} \sim N(0,1^2)$ で σ^2 : 未知だから，σ^2 の代わりに $V_e=S_e/(n-2)$ を代入して，$\dfrac{\widehat{\beta}_1-\beta_1}{\sqrt{V_e/S_{xx}}} \sim t_{n-2}$ である。そこで，仮説 H_0 のもとで，$t_0=\dfrac{\widehat{\beta}_1-\beta_1^\circ}{\sqrt{V_e/S_{xx}}} \sim t_{n-2}$ であるので，次の検定方式が採用される。

検定方式

回帰係数に関する検定 (H_0:$\beta_1=\beta_1^\circ$ (β_1°: 既知), H_1:$\beta_1 \neq \beta_1^\circ$) について

$$|t_0| \geqq t(n-2,\alpha) \quad \Longrightarrow \quad H_0 \text{ を棄却する}$$

特に, $\beta_1^\circ=0$ のときは，帰無仮説 H_0 は $\beta_1=0$ で，傾きが 0 より，x の変化が y に効かないことを意味し，y が x によって説明されず，モデルが役に立たないことになる。**零仮説の検定** (回帰モデルが有効かどうかの検定) ともいわれる。

② 母切片 β_0 について，既知の値 β_0° に等しいかどうかの検定

仮説は

$$\begin{cases} \text{帰無仮説} & H_0 \quad : \quad \beta_0 = \beta_0^\circ \quad (\beta_0^\circ\text{: 既知}) \\ \text{対立仮説} & H_1 \quad : \quad \beta_0 \neq \beta_0^\circ \end{cases}$$

である。$\widehat{\beta}_0 \sim N\left(\beta_0, \left(\dfrac{1}{n}+\dfrac{\overline{x}^2}{S_{xx}}\right)\sigma^2\right)$ から

$$\frac{\widehat{\beta}_0-\beta_0}{\sqrt{\left(\dfrac{1}{n}+\dfrac{\overline{x}^2}{S_{xx}}\right)V_e}} \sim t_{n-2}$$

である。そこで，帰無仮説 H_0 のもと

$$t_0=\frac{\widehat{\beta}_0-\beta_0^\circ}{\sqrt{\left(\dfrac{1}{n}+\dfrac{\overline{x}^2}{S_{xx}}\right)V_e}} \sim t_{n-2} \quad \text{under} \quad H_0$$

から，次の検定方式が採用される。

検定方式

母切片に関する検定 (H_0:$\beta_0 = \beta_0^\circ$ (β_0°: 既知), H_1:$\beta_0 \neq \beta_0^\circ$) について

$$|t_0| \geqq t(n-2, \alpha) \quad \Longrightarrow \quad H_0 \text{ を棄却する}$$

2) 回帰係数，母回帰の推定

推定方式

β_1 の点推定量は，$\widehat{\beta}_1 = \dfrac{S_{xy}}{S_{xx}}$

回帰係数 β_1 の信頼率 $100(1-\alpha)\%$ の信頼区間は，

$$\widehat{\beta}_1 \pm t(n-2, \alpha)\sqrt{\frac{V_e}{S_{xx}}} \tag{2.24}$$

である。また，ある指定された x_0 での母回帰 $f_0 = \beta_0 + \beta_1 x_0$ の点推定は，$\widehat{f}_0 = \widehat{\beta}_0 + \widehat{\beta}_1 x_0$ で，

$$\widehat{f}_0 \quad \sim \quad N\left(f_0, \left(\frac{1}{n} + \frac{(x_0 - \overline{x})^2}{S_{xx}}\right)\sigma^2\right)$$

より，次式で与えられる。

推定方式

$x = x_0$ での母回帰 f_0 の点推定量は，　$\widehat{f}_0 = \widehat{\beta}_0 + \widehat{\beta}_1 x_0$

f_0 の信頼率 $100(1-\alpha)\%$ の信頼区間は，

$$\widehat{f}_0 \pm t(n-2, \alpha)\sqrt{\left(\frac{1}{n} + \frac{(x_0 - \overline{x})^2}{S_{xx}}\right)V_e} \tag{2.25}$$

特に $x_0 = 0$ のときには，母切片 β_0 の信頼区間となる。

3) 個々のデータの予測

$x = x_0$ のときの次のデータの値 y_0 の予測値 $\widehat{y}_0$ は，$y_0 = f_0 + \varepsilon = \beta_0 + \beta_1 x_0 + \varepsilon$ から $\widehat{y}_0 = \widehat{\beta}_0 + \widehat{\beta}_1 x_0$ であり，

$$E[(\widehat{y}_0 - y_0)^2] = E[(\widehat{y}_0 - f_0)^2] + E[(y_0 - f_0)^2] = \left\{1 + \frac{1}{n} + \frac{(x_0 - \overline{x})^2}{S_{xx}}\right\}\sigma^2$$

より

推定方式

$x = x_0$ におけるデータ y_0 の予測値 $\widehat{y}_0$ は，　$\widehat{y}_0 = \widehat{\beta}_0 + \widehat{\beta}_1 x_0$

y_0 の信頼率 $100(1-\alpha)$ % の予測区間は，

$$\widehat{\beta}_0 + \widehat{\beta}_1 x_0 \pm t(n-2,\alpha)\sqrt{\left(1+\frac{1}{n}+\frac{(x_0-\overline{x})^2}{S_{xx}}\right)V_e} \tag{2.26}$$

で与えられる。

4) 残差の検討

仮定したモデルが，データに適合しているかどうかを検討するための有効な方法に残差の検討がある。データに異常値が含まれていないか，層別の必要はないか，回帰式は線形回帰でよいのか，回帰の回りの誤差は等分散か，誤差は互いに独立か，などを調べる手段となる。実際，**標準 (基準，規準) 化残差** $e'_i = e_i/\sqrt{V_e}$ を求め，そのヒストグラム作成，$(x_i, e'_i)(i = 1, \cdots, n)$ の打点 (プロット) などにより検討する。図 2.8 に，その例として残差に関するグラフをのせている。図 2.8(a) は標準化残差のヒストグラム，(b) は標準化残差の時系列プロット，(c) は説明変数と標準化残差の散布図である。

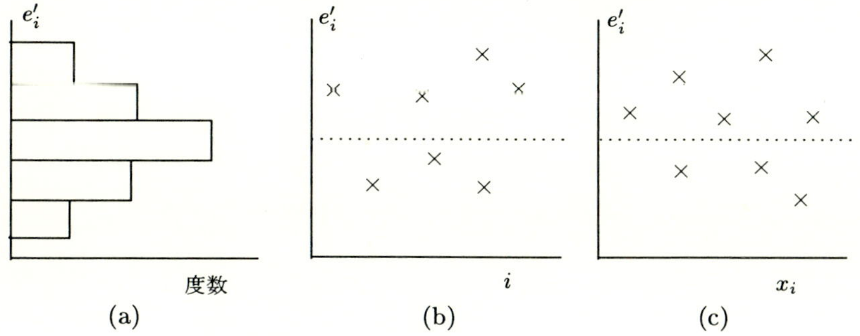

図 2.8　残差に関するグラフ

次に，今までの手順をまとめておこう。

手順 1	モデルの設定と前提条件の確認 (散布図の作成を含む)
手順 2	回帰式の推定
手順 3	分散分析表の作成
手順 4	残差の検討
手順 5	回帰に関する検定・推定, 目的変数の予測など

例 2-3 以下の表 2.8 の 8 世帯の所得額 x と，そのうちの貯蓄額 y のデータに関して，y の x による単回帰モデルを設定し解析せよ。また，$x = x_0 = 30$ (万円) における回帰式の信頼区間，データの予測値の信頼区間を求めよ。

表 2.8 所得額と貯蓄額のデータ

No.	所得額 x(万円)	貯蓄額 y(万円)
1	36	6
2	32	4.5
3	19	2
4	24	3
5	28	4
6	42	6
7	51	8
8	26	3

[解] **手順 1** モデルの設定と散布図の作成

$y = \beta_0 + \beta_1 x_i + \varepsilon_i$ なるモデルをたてる。散布図を描くと，以下のようである。

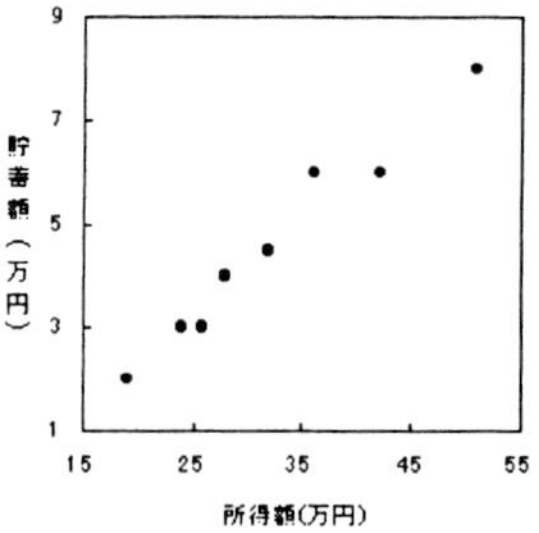

図 2.9 例 2-3 のデータに関する散布図

手順 2 回帰式を推定するため，補助表の表 2.9 を作成する。表 2.9 より

$$\overline{x} = \frac{①}{n} = \frac{258}{8} = 32.25, \qquad \overline{y} = \frac{②}{n} = \frac{36.5}{8} = 4.563$$

$$S_{xx} = ③ - \frac{①^2}{8} = 9082 - \frac{258^2}{8} = 761.5$$

$$S_{yy} = ④ - \frac{②^2}{8} = 194.25 - \frac{36.5^2}{8} = 27.72$$

$$S_{xy} = ⑤ - \frac{① \times ②}{n} = 1320 - \frac{258 \times 36.5}{8} = 142.875$$

そこで $\widehat{\beta}_1 = \frac{S_{xy}}{S_{xx}} = \frac{142.875}{761.5} = 0.188$，$\widehat{\beta}_0 = \overline{y} - \widehat{\beta}_1 \overline{x} = 4.563 - 0.188 \times 32.25 = -1.50$ だから，求める回帰式は $y = -1.50 + 0.188x$ である。

表 2.9 補助表

No.	x	y	x^2	y^2	xy
1	36	6	1296	36	216
2	32	4.5	1024	20.25	144
3	19	2	361	4	38
4	24	3	576	9	72
5	28	4	784	16	112
6	42	6	1764	36	252
7	51	8	2601	64	408
8	26	3	676	9	78
計	258 ①	36.5 ②	9082 ③	194.25 ④	1320 ⑤

手順 3　回帰モデルが有効か検討するため，分散分析表を作成する。

以下のような表 2.10 ができる。$S_R = \frac{S_{xy}^2}{S_{xx}} = 142.875^2/761.5 = 26.81$,$S_T = S_{yy} = 27.72$，$S_e = S_T - S_R$

表 2.10 分散分析表

要因	平方和 S	自由度 ϕ	不偏分散 V	分散比 F 値 (F_0)	期待値 $E(V)$
回帰による (R) 残差 (e)	$S_R = 26.81$ $S_e = 0.912$	$\phi_R = 1$ $\phi_e = 6$	$V_R = 26.81$ $V_e = 0.152$	$\frac{V_R}{V_e} = 176.4^{**}$	$\sigma^2 + \beta_1^2 S_{xx}$ σ^2
全変動 (T)	$S_T = 27.72$	$\phi_T = 7$			

F 分布の片側 1%点は $F(1, 6; 0.01) = 13.75$(=FINV(0.01;1,6)：Excel での入力式) で，$F_0 = 176.4 > 13.75 = F(1, 6; 0.01)$ で有意である。そこで，回帰モデルは有効とわかる。また，寄与率 $= \frac{S_R}{S_T} = 26.81/27.72 = 0.967$ で，かなり高いことがわかる。

手順 4　残差の検討をする。

残差 $e_i = y_i - \widehat{y}_i = y_i - \widehat{\beta}_0 - \widehat{\beta}_1 x_i$，標準化残差 $e_i' = \frac{e_i}{\sqrt{V_e}}$ を各サンプルについて求めると，表 2.11 のようになる。

表 2.11 残差の表

No.	x	y	$\widehat{y}=\widehat{\beta}_0+\widehat{\beta}_1 x$	$e=y-\widehat{y}$	$e'_i=\dfrac{e_i}{\sqrt{V_e}}$
1	36	6	5.268	0.732	1.877
2	32	4.5	4.516	−0.016	−0.0410
3	19	2	2.072	−0.072	−0.1847
4	24	3	3.012	−0.012	−0.0308
5	28	4	3.764	0.236	0.6053
6	42	6	6.396	−0.396	−1.0157
7	51	8	8.088	−0.088	−0.2257
8	26	3	3.388	−0.388	−0.9951

次に，残差をプロットする。(x_i, e'_i) を打点すると，図 2.10 のようになる。

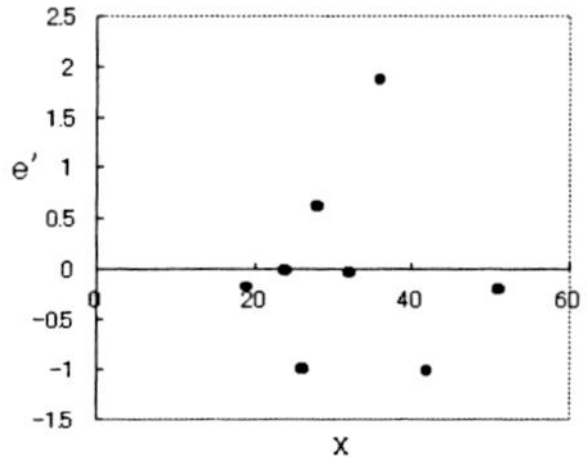

図 2.10 残差プロット

手順 5 回帰母数に関する検定・推定

母切片 β_0 に関しては

$$\begin{cases} \text{帰無仮説} & H_0 : \beta_0 = \beta_0^\circ \quad (\beta_0^\circ\text{: 既知}) \\ \text{対立仮説} & H_1 : \beta_0 \neq \beta_0^\circ \end{cases}$$

のような検定が考えられる。$x = x_0 = 30$ における回帰式 $f_0 = \beta_0 + \beta_1 x_0$ の点推定は $\widehat{f_0} = \widehat{\beta}_0 + \widehat{\beta}_1 x_0 = -1.50 + 0.188 \times 30 = 4.14$ であり，その回帰式の信頼率 90% の信頼区間は

$$\widehat{f_0} \pm t(6, 0.10)\sqrt{\left(\frac{1}{8}+\frac{(x_0-\overline{x})^2}{S_{xx}}\right)V_e} = 4.14 \pm 1.943\sqrt{\left(\frac{1}{8}+\frac{(30-32.25)^2}{761.5}\right)0.152}$$
$$= 4.14 \pm 0.275 = 3.865 \sim 4.415$$

で与えられる。また，$x = x_0 = 30$ におけるデータの予測値 $\widehat{y}_0$ は $\widehat{\beta}_0 + \widehat{\beta}_1 x_0 = 4.14$ であり，その予測値の信頼率 90% の信頼区間は

$$\widehat{\beta}_0 + \widehat{\beta}_1 x_0 \pm t(6, 0.10) \times \sqrt{\left(1+\frac{1}{8}+\frac{(x_0-\overline{x})^2}{S_{xx}}\right)V_e}$$
$$= 4.14 \pm 0.806 = 3.334 \sim 4.946$$

である。□

演 2-5 以下の売上げ高を，従業員数で回帰する場合にモデルをたてて解析せよ。

表 2.12 従業員数と売上げ高

No.	従業員数 x(千人)	売上げ高 y(千万円)
1	52	45.3
2	45	32.6
3	28	25.7
4	39	32.9
5	42	35.1
6	51	39.6
7	35	30.3
8	25	18.4

2.2.2 ＊繰り返しのある単回帰分析

各水準 x_i で，繰り返しが $n_i(i=1,\cdots,k)$ 回ある場合の観測値 y_{ij} について，以下のような単回帰モデルを考える。

$$y_{ij}=\beta_0+\beta_1 x_i+\gamma_i+\varepsilon_{ij} \quad (i=1,\cdots,k;j=1,\cdots,n_i) \tag{2.27}$$

ただし，γ_i（ガンマ）はモデルのあてはまり具合を表す量であり，全サンプル数は $\sum_{i=1}^{k} n_i=n$ で，ε_{ij} は互いに独立に $N(0,\sigma^2)$ に従う。そこで式 (2.4) の単回帰モデルでの誤差は，あてはまりの悪さ γ_i と誤差の和 に対応している。

そして，データと全平均との偏差を次のように分解する。

$$\begin{aligned}(2.28)\quad \underbrace{y_{ij}-\overline{\overline{y}}_{..}}_{\text{データと平均との偏差}} &= \underbrace{y_{ij}-\overline{y}_{i.}}_{\text{級内の偏差}}+\underbrace{\overline{y}_{i.}-\overline{\overline{y}}_{..}}_{\text{級間の偏差}} \\ &= \underbrace{y_{ij}-\overline{y}_{i.}}_{\text{級 (群) 内での偏差}} \\ &\quad + \underbrace{\overline{y}_{i.}-(\widehat{\beta}_0+\widehat{\beta}_1 x_i)}_{\text{モデルのあてはまりの偏差}} + \underbrace{(\widehat{\beta}_0+\widehat{\beta}_1 x_i)-\overline{\overline{y}}_{..}}_{\text{回帰による偏差}}\end{aligned}$$

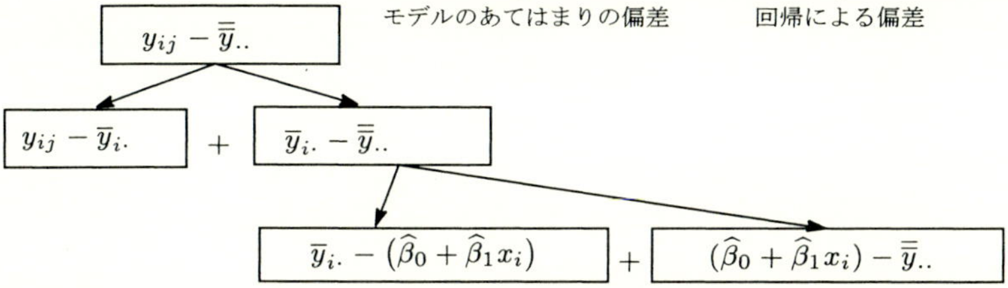

式 (2.28) の両辺を 2 乗し, i, j について総和をとると, 次の式がえられる。

$$
\begin{aligned}
(2.29)\quad S_T &= \sum_{i=1}^{k}\sum_{j=1}^{n_i}(y_{ij}-\overline{\overline{y}}_{..})^2 \\
&= \underbrace{\sum_{i=1}^{k}\sum_{j=1}^{n_i}(y_{ij}-\overline{y}_{i.})^2}_{\text{級内の変動}} + \underbrace{\sum_{i=1}^{k} n_i(\overline{y}_{i.}-\overline{\overline{y}}_{..})^2}_{\text{級間の変動}} = S_E + S_A \\
&= \underbrace{\sum_{i=1}^{k}\sum_{j=1}^{n_i}(y_{ij}-\overline{y}_{i.})^2}_{\text{級 (群) 内での変動}} \\
&\quad + \underbrace{\sum_{i=1}^{k} n_i(\overline{y}_{i.}-\widehat{\beta}_0-\widehat{\beta}_1 x_i)^2}_{\text{モデルのあてはまり}} + \underbrace{\sum_{i=1}^{k} n_i(\widehat{\beta}_0+\widehat{\beta}_1 x_i-\overline{\overline{y}}_{..})^2}_{\text{回帰による変動}} \\
&= S_E + S_{lof} + S_R \quad (S_A = S_{lof}+S_R,\quad S_e = S_E + S_{lof})
\end{aligned}
$$

ここで, 各平方和を計算するため, 式を導いておこう。

$$T = y_{..} = \sum_{i=1}^{k}\sum_{j=1}^{n_i} y_{ij} \quad (\text{データの総和})$$

$$CT = \frac{T^2}{n} \quad (\text{修正項,}\quad n = \sum_{i=1}^{k} n_i \text{は総データ数})$$

$$S_T = S_{yy} = \sum_{i=1}^{k}\sum_{j=1}^{n_i} y_{ij}^2 - CT \quad (\text{総平方和})$$

$$S_A = \sum_{i=1}^{k}\frac{y_{i.}^2}{n_i} - CT \quad (\text{要因 } A \text{ の平方和})$$

$$S_E = S_T - S_A \quad (\text{誤差 } E \text{ の平方和})$$

$$S_{xy} = \sum_{i=1}^{k}\sum_{j=1}^{n_i} x_i y_{ij} - \frac{\left(\sum_{i=1}^{k} n_i x_i\right)\left(\sum_{i=1}^{k}\sum_{j=1}^{n_i} y_{ij}\right)}{n} \quad (\text{偏差積和})$$

$$S_{xx} = \sum_{i=1}^{k} n_i x_i^2 - \frac{\left(\sum_{i=1}^{k} n_i x_i\right)^2}{n} \quad (\text{偏差積和})$$

$$S_R = \frac{S_{xy}^2}{S_{xx}} \quad \text{(回帰平方和)}$$

$$S_{lof} = S_A - S_R \quad \text{(あてはまりの悪さの平方和)}$$

また自由度は，　$\phi_T = n - 1$，　$\phi_A = k - 1$，　$\phi_E = \phi_T - \phi_A = n - k$，$\phi_R = 1, \phi_{lof} = \phi_A - \phi_R = k - 2$ である。

データの分解を図に表せば，図 2.11 のようになる。

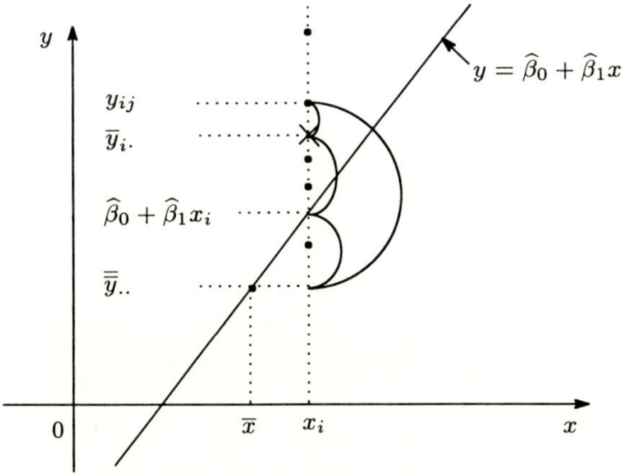

図 2.11　変動の分解

更に, 表 2.13 のようにまとめられる。

表 2.13　分散分析表

要因	平方和 S	自由度 ϕ	不偏分散 V	分散比 F 値 (F_0)	期待値 $E(V)$
回帰による (R)	S_R	ϕ_R	V_R	$\dfrac{V_R}{V_E}$	$\sigma^2 + \beta_1^2 \sum_{i=1}^{k} n_i (x_i - \overline{x})^2$
あてはまり (lof)	S_{lof}	ϕ_{lof}	V_{lof}	$\dfrac{V_{lof}}{V_E}$	$\sigma^2 + \sum_{i=1}^{k} \dfrac{n_i \gamma_i^2}{k-2}$
級間 (A)	S_A	ϕ_A	V_A	$\dfrac{V_A}{V_E}$	$\sigma^2 + \sum_{i=1}^{k} \dfrac{n_i \alpha_i^2}{k-1}$
級内 $(W = E)$	S_E	ϕ_E	V_E		σ^2
全変動 (T)	S_T	ϕ_T			

$S_A = S_R + S_{lof}$,　$S_T = S_A + S_E$, lof : あてはまりの悪さ

$$\phi_R = 1, \quad \phi_{lof} = k-2, \quad \phi_A = \phi_R + \phi_{lof} = k-1, \quad \phi_E = n-k,$$
$$\phi_T = \phi_A + \phi_E = n-1, \qquad \alpha_i = \beta_1 x_i + \gamma_i$$

この分散分析表から，あてはまりの悪さが十分小さい (例えば，有意水準20%で有意ぐらい) ならば，誤差 E へプールして以下の表 2.14 のように分散分析表をつくりなおす。

表 2.14 プーリング後の分散分析表

要因	平方和 S	自由度 ϕ	不偏分散 V	分散比 F 値 (F_0)	期待値 $E(V)$
回帰による (R)	S_R	ϕ_R	V_R	$\dfrac{V_R}{V'_E}$	$\sigma_e^2 + \beta_1^2 \sum_{i=1}^{k} n_i(x_i - \overline{x})^2$
級内 (E)	S'_E	ϕ'_E	V'_E		σ^2
全変動 (T)	S_T	ϕ_T			

$$S'_E = S_E + S_{lof}, \quad \phi'_E = \phi_E + \phi_{lof}, \quad V'_E = S'_E/\phi'_E$$

そしてこの表 2.14 で，R についての F 値が大きく有意であれば，データの構造式を

$$y_{ij} = \beta_0 + \beta_1 x_i + \varepsilon_{ij}$$

として，解析をすすめる。

例 2-4 以下の表 2.15 の，あるスーパーの 5 支店 (その売り場面積を水準とみる) での年 2 回ずつの決算での売上げ高のデータについて，単回帰分析により解析せよ。

表 2.15 売場面積と売上げ高

No.	売り場面積 x(百 m^2)	y(千万円)	
1	4	5	6
2	6	8	7
3	12	11	13
4	8	10	9
5	5	7	7.5

[解] 手順 1 モデルをたてる。

データの構造式として

$$y_{ij} = \beta_0 + \beta_1 x_i + \gamma_i + \varepsilon_{ij} \ (i = 1, \cdots, 5; j = 1, 2)$$

とする。

手順 2　散布図 (図 2.12) の作成

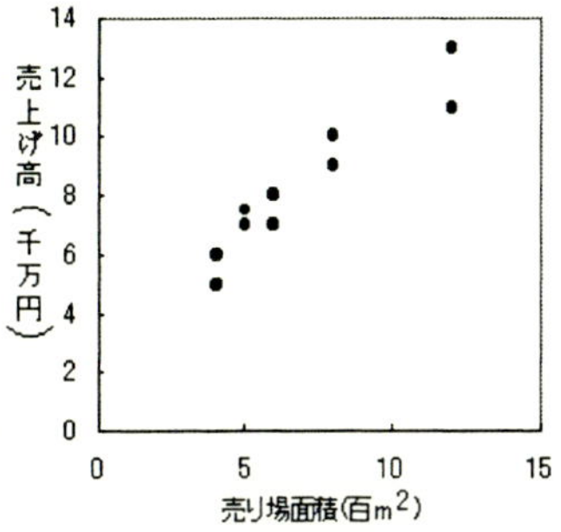

図 2.12　例 2-4 の散布図

手順 3　平方和を求めるために，補助表の表 2.16 を作成する。

表 2.16　補助表

No.	x	y_{i1}	y_{i2}	$y_{i\cdot}$	$y_{i\cdot}^2$	$y_{i\cdot}^2/n_i$	y_{i1}^2	y_{i2}^2	x^2
1	4	5	6	11	121	60.5	25	36	16
2	6	8	7	15	225	112.5	64	49	36
3	12	11	13	24	576	288	121	169	144
4	8	10	9	19	361	180.5	100	81	64
5	5	7	7.5	14.5	210.25	105.125	49	56.25	25
合計	35 ①	41 ②	42.5 ③	83.5 ④	1493.25 ⑤	746.625 ⑥	359 ⑦	391.25 ⑧	285 ⑨

No.	$n_i x_i$	$n_i x_i^2$	$x_i y_{i1}$	$x_i y_{i2}$
1	8	32	20	24
2	12	72	48	42
3	24	288	132	156
4	16	128	80	72
5	10	50	35	37.5
合計	70 ⑩	570 ⑪	315 ⑫	331.5 ⑬

$$T = y_{\cdot\cdot} = \sum_{i=1}^{k}\sum_{j=1}^{n_i} y_{ij} = 83.5, \qquad CT = \frac{T^2}{n} = ④^2/10 = 697.2,$$

$$S_T = S_{yy} = ⑦ + ⑧ - CT = 53.03, \qquad S_A = ⑥ - CT = 49.4,$$

$$S_E = S_T - S_A = 3.625, \qquad S_{xy} = ⑫ + ⑬ - \frac{⑩ \times ④}{10} = 62,$$

$$S_{xx} = ⑪ - \frac{⑩^2}{10} = 80, \qquad S_R = \frac{S_{xy}^2}{S_{xx}} = 48.05$$

$S_{lof} = S_A - S_R = 1.35,\ \phi_T = n-1 = 9, \phi_A = k-1 = 4,\quad \phi_R = 1,$
$\phi_{lof} = \phi_A - \phi_R = 3, \phi_E = \phi_T - \phi_A = 5$

手順 4　分散分析表 (表 2.17) を作成する。

表 2.17　分散分析表 (1)

要因	平方和 S	自由度 ϕ	不偏分散 V	分散比 F 値 (F_0)
回帰による (R)	$S_R = 48.05$	1	$V_R = 48.05$	$\dfrac{V_R}{V_E} = 66.276^{**}$
あてはまり (lof)	$S_{lof} = 1.35$	3	$V_{lof} = 0.45$	$\dfrac{V_{lof}}{V_E} = 0.6207$
級間 (A)	$S_A = 49.4$	4	$V_A = 12.35$	$\dfrac{V_A}{V_E} = 17.034^{**}$
級内 $(W = E)$	$S_E = 3.625$	5	$V_E = 0.725$	
全変動 (T)	$S_T = 53.025$	9		

なお, $F(1,5;0.01) = 16.3, F(3,5;0.05) = 5.41, F(4,5;0.01) = 11.4$ である。

手順 5　モデルのあてはまりの悪さを評価し，プーリング等の検討をする。あてはまりの悪さの F 値は0.6207 で，十分小さいので誤差にプールして作成しなおした表 2.18 の分散分析表 (2) が，以下の表 2.18 のようになる。またモデルとして，$y_{ij} = \beta_0 + \beta_1 x_{ij} + \varepsilon_{ij}$ として推定等を行う。

表 2.18　分散分析表 (2)(プーリング後)

要因	平方和 S	自由度 ϕ	不偏分散 V	分散比 F 値 (F_0)
回帰による (R)	$S_R = 48.05$	$\phi_R = 1$	$V_R = 48.05$	$\dfrac{V_R}{V'_E} = 77.266^{**}$
級内 (E)	$S'_E = 4.975$	$\phi'_E = 8$	$V'_E = 0.62187$	
全変動 (T)	$S_T = 53.025$	$\phi_T = 9$		

なお，$F(1,8;0.01) = 11.3$ である。

手順 6　残差の検討 (省略)

手順 7　回帰式に関する検定・推定および予測などを行う。(省略)□

演 2-6　ある製品の強度特性 y は，化合する際の添加剤の量 x の影響をうけると考えられる。それを調べるために，添加剤の量 x に関して 6 水準の各水準で繰り返し，3 回の計 18 回の実験をランダムに行い，以下の表 2.19 のデータを得た。このとき，単回帰モデルをたてて検討せよ。

表 2.19 添加剤と強度特性のデータ

No.	添加剤の量 x(g)	y		
1	3	4.2	5.4	4.6
2	5	6.8	6.6	6.2
3	7	7.5	8.2	9.1
4	10	10.8	11.2	11.6
5	12	12.9	13.2	12.6
6	15	16.7	17.4	16.9

2.3 重回帰分析

2.3.1 重回帰モデル

説明変数が 2 個以上の場合で，目的変数 y が以下のように回帰式と誤差の和でかかれる場合である。

(2.30) $$y = f + \varepsilon = \beta_0 + \beta_1 x_1 + \cdots + \beta_p x_p + \varepsilon$$

ここに，β_0 を**定数項**または**母切片**，$\beta_1,\cdots,\beta_p$ を**偏回帰係数** (partial regression coefficient) といい，$f = \beta_0 + \beta_1 x_1 + \cdots + \beta_p x_p$ なる一次式を**重回帰式** (multiple regression equation) という。単回帰モデルの場合と同様，誤差には 4 個の仮定がなされる。

これを n 個の観測値 $y_1,\cdots,y_n$ が得られる場合についてかくと，

(2.31) $$y_i = f_i + \varepsilon_i = \beta_0 + \beta_1 x_{i1} + \cdots + \beta_p x_{ip} + \varepsilon_i, \quad (i = 1, \cdots, n)$$

$$\varepsilon_1, \cdots, \varepsilon_n \overset{i.i.d.}{\sim} N(0, \sigma^2)$$

となる。ただし，$\varepsilon_1, \cdots, \varepsilon_n \overset{i.i.d.}{\sim} N(0, \sigma^2)$ の $i.i.d.$ は independent identically distributed の略で，ε_i が互いに独立に同一分布 $N(0, \sigma^2)$ に従うことを意味する。さらに，ベクトル表現で成分を使って書けば

(2.32) $$\begin{pmatrix} y_1 \\ y_2 \\ \vdots \\ y_n \end{pmatrix}_{n\times 1} = \begin{pmatrix} 1 & x_{11} & \cdots & x_{1p} \\ 1 & x_{21} & \cdots & x_{2p} \\ \vdots & \vdots & \ddots & \vdots \\ 1 & x_{n1} & \cdots & x_{np} \end{pmatrix}_{n\times p'} \begin{pmatrix} \beta_0 \\ \beta_1 \\ \vdots \\ \beta_p \end{pmatrix}_{p'\times 1} + \begin{pmatrix} \varepsilon_1 \\ \varepsilon_2 \\ \vdots \\ \varepsilon_n \end{pmatrix}_{n\times 1}$$

$\Longleftrightarrow$ (ベクトル・行列表現) $\quad (p' = p + 1)$

(2.33) $$\boldsymbol{y} = X\boldsymbol{\beta} + \boldsymbol{\varepsilon}, \qquad \boldsymbol{\varepsilon} \sim N_n(\boldsymbol{0}, \sigma^2 I_n)$$

ただし,

$$\boldsymbol{y} = \begin{pmatrix} y_1 \\ y_2 \\ \vdots \\ y_n \end{pmatrix}, X = \begin{pmatrix} 1 & x_{11} & \cdots & x_{1p} \\ 1 & x_{21} & \cdots & x_{2p} \\ \vdots & \vdots & \ddots & \vdots \\ 1 & x_{n1} & \cdots & x_{np} \end{pmatrix}, \boldsymbol{\beta} = \begin{pmatrix} \beta_0 \\ \beta_1 \\ \vdots \\ \beta_p \end{pmatrix}, \boldsymbol{\varepsilon} = \begin{pmatrix} \varepsilon_1 \\ \varepsilon_2 \\ \vdots \\ \varepsilon_n \end{pmatrix}$$

である。また

$$\mathbf{1} = \begin{pmatrix} 1 \\ 1 \\ \vdots \\ 1 \end{pmatrix}, \quad \boldsymbol{x}_1 = \begin{pmatrix} x_{11} \\ x_{21} \\ \vdots \\ x_{n1} \end{pmatrix}, \quad \cdots, \quad \boldsymbol{x}_p = \begin{pmatrix} x_{1p} \\ x_{2p} \\ \vdots \\ x_{np} \end{pmatrix}$$

とおけば, $X = (\mathbf{1}, \boldsymbol{x}_1, \cdots, \boldsymbol{x}_n)$ と列ベクトル表記される。

データ行列は, 表 2.20 のようである。

表 2.20 データ行列

データ番号＼変量	x_1	$\cdots$	x_p	y
1	x_{11}	$\cdots$	x_{1p}	y_1
2	x_{21}	$\cdots$	x_{2p}	y_2
$\vdots$	$\vdots$	$\ddots$	$\vdots$	$\vdots$
n	x_{n1}	$\cdots$	x_{np}	y_n
計	$x_{\cdot 1}$	$\cdots$	$x_{\cdot p}$	$y_{\cdot}$

なお,

(2.34)

$$\begin{aligned} y_i &= \beta_0 + \beta_1 x_{i1} + \cdots + \beta_p x_{ip} + \varepsilon_i \\ &= \underbrace{\beta_0 + \beta_1 \overline{x}_1 + \cdots + \beta_p \overline{x}_p}_{=\alpha} + \beta_1(x_{i1} - \overline{x}_1) + \cdots + \beta_p(x_{ip} - \overline{x}_p) + \varepsilon_i \\ &= (1 \quad x_{i1} - \overline{x}_1 \quad \cdots \quad x_{ip} - \overline{x}_p) \begin{pmatrix} \alpha \\ \beta_1 \\ \vdots \\ \beta_p \end{pmatrix} + \varepsilon_i \end{aligned}$$

ただし，$\alpha = \beta_0 + \beta_1\overline{x}_1 + \cdots + \beta_p\overline{x}_p$ である。

$\iff$ (成分表示でのベクトル・行列表現)

$$
\begin{pmatrix} y_1 \\ y_2 \\ \vdots \\ y_n \end{pmatrix} = \begin{pmatrix} 1 & x_{11} - \overline{x}_1 & \cdots & x_{1p} - \overline{x}_p \\ 1 & x_{21} - \overline{x}_1 & \cdots & x_{2p} - \overline{x}_p \\ \vdots & \vdots & \ddots & \vdots \\ 1 & x_{n1} - \overline{x}_1 & \cdots & x_{np} - \overline{x}_p \end{pmatrix} \begin{pmatrix} \alpha \\ \beta_1 \\ \vdots \\ \beta_p \end{pmatrix} + \begin{pmatrix} \varepsilon_1 \\ \varepsilon_2 \\ \vdots \\ \varepsilon_n \end{pmatrix} \tag{2.35}
$$

$\iff$ (ベクトル・行列表現)

$$
\boldsymbol{y} = \tilde{X}\tilde{\boldsymbol{\beta}} + \boldsymbol{\varepsilon}, \qquad \boldsymbol{\varepsilon} \sim N_n(\boldsymbol{0}, \sigma^2 I_n) \tag{2.36}
$$

ただし，

$$
\widetilde{X} = \begin{pmatrix} 1 & x_{11} - \overline{x}_1 & \cdots & x_{1p} - \overline{x}_p \\ 1 & x_{21} - \overline{x}_1 & \cdots & x_{2p} - \overline{x}_p \\ \vdots & \vdots & \ddots & \vdots \\ 1 & x_{n1} - \overline{x}_1 & \cdots & x_{np} - \overline{x}_p \end{pmatrix}, \widetilde{\boldsymbol{\beta}} = \begin{pmatrix} \alpha \\ \beta_1 \\ \vdots \\ \beta_p \end{pmatrix}
$$

である。

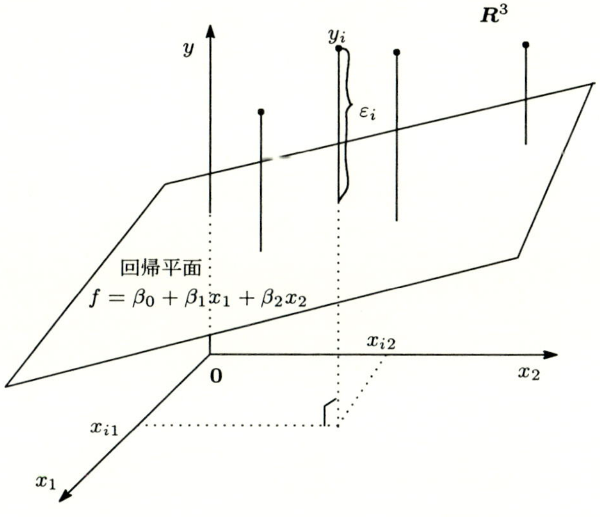

図 2.13　データと回帰平面

そこで，$\beta_0,\cdots,\beta_p$ を単回帰と同様な基準として，誤差の平方和が小さい程データと直線との当てはまりが良いとする。

$$(2.37)\qquad Q(\beta_0,\beta_1,\cdots,\beta_p)=\sum_{i=1}^{n}\varepsilon_i^2=\sum_{i=1}^{n}\Big\{y_i-(\beta_0+\beta_1x_{i1}+\cdots+\beta_px_{ip})\Big\}^2$$
$$=(\boldsymbol{y}-X\boldsymbol{\beta})^T(\boldsymbol{y}-X\boldsymbol{\beta})\searrow\quad(\text{最小化})$$

と，Q を $\beta_0,\beta_1,\cdots,\beta_p$ について最小化すれば良い。このように誤差の2乗和を最小にすることで $\beta_0,\beta_1,\cdots,\beta_p$ を求める。それは $\boldsymbol{R}^n$ において，$\boldsymbol{y}$ から X の列ベクトルの張る空間への最短距離である点を求めることと同じである。つまり，$\boldsymbol{y}$ から X の列ベクトルの張る部分空間への正射影を求めることだから，$\boldsymbol{y}\to X(X^TX)^{-1}X^T\boldsymbol{y}$ なる線形 (一次) 変換により求まる。実際，最小化する $\beta_0,\beta_1,\cdots,\beta_p$ をそれぞれ $\widehat{\beta}_0,\widehat{\beta}_1,\cdots,\widehat{\beta}_p$ で表すと，次式で与えられる。

公式

回帰係数の点推定量は

$$(2.38)\qquad \widehat{\beta}_j=S^{j1}S_{1y}+\cdots+S^{jp}S_{py}(1\leqq j\leqq p),\quad \widehat{\beta}_0=\overline{y}-\widehat{\beta}_1\overline{x}_1-\cdots-\widehat{\beta}_p\overline{x}_p$$

ただし，S の逆行列の (j,k) 成分要素を S^{jk} で表すとする。つまり，$S^{-1}=(S^{jk})_{p\times p}$ である。

[解] 最小化から求めてみよう。Q を $\beta_0,\beta_1,\cdots,\beta_p$ について偏微分したものを0とおき，$\beta_0,\beta_1,\cdots,\beta_p$ について連立方程式を解けば良い。この解が，Q を最小化することを示せば良い。

$$(2.39)\qquad \begin{cases}\dfrac{\partial Q}{\partial\beta_0}=-2\displaystyle\sum_{i=1}^{n}\Big\{y_i-(\beta_0+\beta_1x_{i1}+\cdots+\beta_px_{ip})\Big\}=0\\ \dfrac{\partial Q}{\partial\beta_1}=-2\displaystyle\sum_{i=1}^{n}x_{i1}\Big\{y_i-(\beta_0+\beta_1x_{i1}+\cdots+\beta_px_{ip})\Big\}=0\\ \qquad\cdots\cdots\\ \dfrac{\partial Q}{\partial\beta_p}=-2\displaystyle\sum_{i=1}^{n}x_{ip}\Big\{y_i-(\beta_0+\beta_1x_{i1}+\cdots+\beta_px_{ip})\Big\}=0\end{cases}$$

これを整理して，以下の**正規方程式**が得られる。

$$(2.40)\quad \begin{cases} \beta_0 n & +\beta_1 \sum_{i=1}^n x_{i1} & + & \cdots & +\beta_p \sum_{i=1}^n x_{ip} & = \sum_{i=1}^n y_i \\ \beta_0 \sum_{i=1}^n x_{i1} & +\beta_1 \sum_{i=1}^n x_{i1}^2 & + & \cdots & +\beta_p \sum_{i=1}^n x_{i1}x_{ip} & = \sum_{i=1}^n x_{i1}y_i \\ & & & \cdots\cdots & & \\ \beta_0 \sum_{i=1}^n x_{ip} & +\beta_1 \sum_{i=1}^n x_{i1}x_{ip} & + & \cdots & +\beta_p \sum_{i=1}^n x_{ip}^2 & = \sum_{i=1}^n x_{ip}y_i \end{cases}$$

式 (2.40) の第 1 式より, $\beta_0 = \overline{y} - \beta_1\overline{x}_1 - \cdots - \beta_p\overline{x}_p$ を 2 式以降に代入して整理すると

$$(2.41)\quad \begin{cases} \beta_1 S_{11} + \beta_2 S_{12} + \cdots + \beta_p S_{1p} & = & S_{1y} \\ \beta_1 S_{12} + \beta_2 S_{22} + \cdots + \beta_p S_{2p} & = & S_{2y} \\ \cdots\cdots & & \\ \beta_1 S_{1p} + \beta_2 S_{2p} + \cdots + \beta_p S_{pp} & = & S_{py} \end{cases}$$

が得られる。そこで対称であるから, $S_{jk} = S_{kj}$ より

$$(2.42)\quad \begin{pmatrix} S_{11} & S_{12} & \cdots & S_{1p} \\ S_{21} & S_{22} & \cdots & S_{2p} \\ \vdots & \vdots & \ddots & \vdots \\ S_{p1} & S_{p2} & \cdots & S_{pp} \end{pmatrix}_{p\times p} \begin{pmatrix} \beta_1 \\ \beta_2 \\ \vdots \\ \beta_p \end{pmatrix} = \begin{pmatrix} S_{1y} \\ S_{2y} \\ \vdots \\ S_{py} \end{pmatrix}$$

から, 両辺に左から S^{-1} を掛けて

$$(2.43)\quad \begin{pmatrix} \beta_1 \\ \beta_2 \\ \vdots \\ \beta_p \end{pmatrix}_{p\times 1} = \begin{pmatrix} S^{11} & S^{12} & \cdots & S^{1p} \\ S^{21} & S^{22} & \cdots & S^{2p} \\ \vdots & \vdots & \ddots & \vdots \\ S^{p1} & S^{p2} & \cdots & S^{pp} \end{pmatrix}_{p\times p} \begin{pmatrix} S_{1y} \\ S_{2y} \\ \vdots \\ S_{py} \end{pmatrix}_{p\times 1}$$

より $\widehat{\beta_j} = S^{j1}S_{1y} + \cdots + S^{jp}S_{py} (j = 1, \cdots, p)$ で与えられる。また，最初に代入した関係式から，$\widehat{\beta}_0 = \overline{y} - \widehat{\beta}_1\overline{x}_1 - \cdots - \widehat{\beta}_p\overline{x}_p$ である。□

行列でまとめて書くと

$$(2.44)\quad Q(\boldsymbol{\beta}) = (\boldsymbol{y} - X\boldsymbol{\beta})^T(\boldsymbol{y} - X\boldsymbol{\beta})$$

$$(2.45)\quad \frac{\partial Q}{\partial \boldsymbol{\beta}} = -2X^T(\boldsymbol{y} - X\boldsymbol{\beta}) = \boldsymbol{0}$$

より，$\widehat{\boldsymbol{\beta}} = (X^TX)^{-1}X^T\boldsymbol{y}$ である。□

なお，式 (2.45) の成分ごとの各行に対応して，$\boldsymbol{y} - X\boldsymbol{\beta}$ がすべての X の列ベクトル $\mathbf{1}, \boldsymbol{x}_1, \cdots, \boldsymbol{x}_n$ と直交する (内積が 0) ことが示されていて，単回帰モデルの場合と同様である。S_{jk} を (j,k) 成分とする行列を $S = (S_{jk})$ とし，ベクトル $\boldsymbol{S}_y = (S_{1y}, \cdots, S_{py})^T$ とすると，式 (2.42) は $S\boldsymbol{\beta} = \boldsymbol{S}_y$ とかける。推定される回帰式は

$$(2.46) \qquad \widehat{\beta}_0 + \widehat{\beta}_1 x_1 + \cdots + \widehat{\beta}_p x_p$$

で，これを目的変数 y の説明変数 $x_1,\cdots,x_p$ に対する (線形) **重回帰式** (linear multiple regression equation) と呼ぶ。次に，具体的に重回帰式を求めてみよう。

演 2-7　次の 2 変数による回帰モデルで，S と $\boldsymbol{S}_y$ が以下のように与えられるとき，母切片, 偏回帰係数の推定値を求めよ。

$$y = \beta_0 + \beta_1 x_1 + \beta_2 x_2 + \varepsilon,\ S = \begin{pmatrix} 2 & 3 \\ 5 & 8 \end{pmatrix},\ \boldsymbol{S}_y = \begin{pmatrix} 2 \\ 4 \end{pmatrix},\ \overline{x}_1 = 1,\ \overline{x}_2 = 2,\ \overline{y} = 3$$

$f = \beta_0 + \beta_1 x_1 + \cdots + \beta_p x_p$ と y の相関係数 $r_{fy}(= r(f,y))$ は

$$(2.47) \qquad r_{fy} = \frac{S_{fy}}{\sqrt{S_{ff}}\sqrt{S_{yy}}} = \frac{\displaystyle\sum_{i=1}^{n}(y_i - \overline{y})(f_i - \overline{f})}{\sqrt{\displaystyle\sum_{i=1}^{n}(y_i - \overline{y})^2}\sqrt{\displaystyle\sum_{i=1}^{n}(f_i - \overline{f})^2}}$$

であるから，

r_{fy} を $\beta_0,\beta_1,\cdots,\beta_p$ に関して最大化 $\iff$ Q の最小化と同値

(注 2-3)　偏回帰係数の絶対値が大きいからといって，単純に影響が大きいと考えるのは誤りである。測定単位の変換で大きくもなり，小さくもなりうるからである。◁

そこで，測定単位の影響を取り除くため，各変数を次のように基準化する

$$\iff$$

$$\left[y_i \quad \rightarrow \quad y_i' = \frac{y_i - \overline{y}}{s_y}, \qquad x_{ij} \quad \rightarrow \quad x_{ij}' = \frac{x_{ij} - \overline{x}_j}{s_j} \right]$$

このときの y' の $x_1',\cdots,x_p'$ に対する重回帰式を

$$(2.48)\qquad f' = \beta'_0 + \beta'_1 x'_1 + \cdots + \beta'_p x'_p$$

と表すとき，$\widehat{\beta'_j}$ を**標準偏回帰係数** (standard partial regression coefficient) という。

$$(2.49)\qquad \widehat{f} = \widehat{\beta}_0 + \widehat{\beta}_1 x_1 + \cdots + \widehat{\beta}_p x_p = \overline{y} + \widehat{\beta}_1(x_1 - \overline{x}_1) + \cdots + \widehat{\beta}_p(x_p - \overline{x}_p)$$

だから

$$(2.50)\qquad \frac{\widehat{f} - \overline{y}}{s_y} = \widehat{\beta}_1 \frac{s_1}{s_y}\frac{x_1 - \overline{x}_1}{s_1} + \cdots + \widehat{\beta}_p \frac{s_p}{s_y}\frac{x_p - \overline{x}_p}{s_p}$$

$$\iff \quad \widehat{f'} = \widehat{\beta}_1 \frac{s_1}{s_y} x'_1 + \cdots + \widehat{\beta}_p \frac{s_p}{s_y} x'_p$$

より，係数を比較することで次の関係式が成立する。

$$(2.51)\qquad \widehat{\beta'_j} = \widehat{\beta}_j \frac{s_j}{s_y} = \widehat{\beta}_j \sqrt{\frac{S_{jj}}{S_{yy}}} \qquad (j = 1, \cdots, p), \quad \widehat{\beta'_0} = 0$$

例 2-5 次の表 2.21 の 10 県についての家計収支のデータについて，月平均の支出 (y 万円) を実収入 (x_1 万円) と平均世帯人員 (x_2 人) で直線回帰するモデルをあてはめたときの回帰直線の式を推定せよ。(最小 2 乗法)

表 2.21 家計収支のデータ

項目 / 県名 No.	実収入 (x_1)	世帯人員 (x_2)	消費支出 (y)
鳥取 1	70.2	3.58	38.3
島根 2	60.1	3.43	32.6
岡山 3	57.5	3.60	32.7
広島 4	54.9	3.43	34.9
山口 5	62.4	3.62	35.1
徳島 6	61.1	3.46	36.6
香川 7	55.7	3.46	32.3
愛媛 8	56.4	3.35	31.4
高知 9	58.5	3.38	34.9
和歌山 10	54.0	3.49	31.8

[解] 手順 1 モデルの設定

$$y_i = \beta_0 + \beta_1 x_{i1} + \beta_2 x_{i2} + \varepsilon_i \ (i = 1, \cdots, 10)$$

手順 2 各変数ごとの散布図の作成

x_1 と y, x_2 と y, x_1 と x_2 の 3 種類の散布図の図 2.14 を作成し，各変数間の関係をみる。

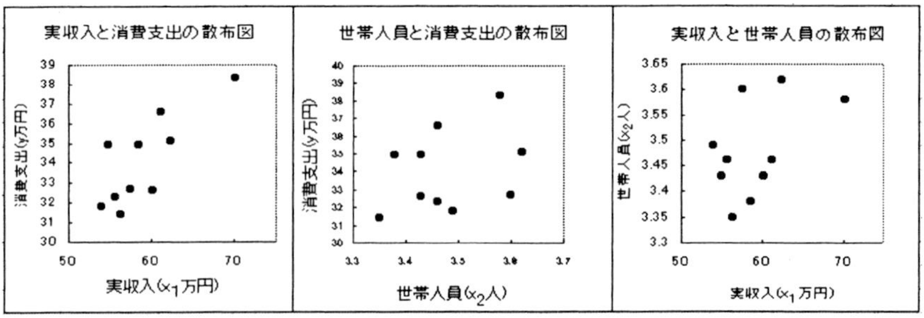

図 2.14　各変数間の散布図

手順 3　母切片および偏回帰係数を求める。

そのため，以下のような補助表の表 2.22 を作成する。

表 2.22　補助表

No.	x_1	x_2	y	x_1^2	x_2^2	y^2	x_1x_2	x_1y	x_2y
1	70.2	3.58	38.3	4928	12.82	1467	251.3	2689	137.1
2	60.1	3.43	32.6	3612	11.76	1063	206.1	1959	111.8
3	57.5	3.6	32.7	3306	12.96	1069	207	1880	117.7
4	54.9	3.43	34.9	3014	11.76	1218	188.3	1916	119.7
5	62.4	3.62	35.1	3893	13.10	1232	225.9	2190	127.1
6	61.1	3.46	36.6	3733	11.97	1339	211.4	2236	126.6
7	55.7	3.46	32.3	3102	11.97	1043	192.7	1799	111.8
8	56.4	3.35	31.4	3181	11.22	986.0	188.9	1771	105.2
9	58.5	3.38	34.9	3422	11.42	1218	197.7	2042	118.0
10	54.0	3.49	31.8	2916	12.18	1011	188.5	1717	111.0
計	590.8	34.8	340.6	35109	121.18	11647	2058	20200	1186.0

次に，偏差積和行列 S を求める。そして，各成分を補助表よりも桁数を多くとって計算すると，次のようになる。

$$S_{11} = \sum x_{i1}^2 - \frac{\left(\sum_i x_{i1}\right)^2}{n} = 35109 - 590.8^2/10 = 204.5,$$

$$S_{22} = 121.1808 - 34.8^2/10 = 0.07680,$$

$$S_{yy} = 11647.02 - 340.6^2/10 = 46.18,$$

$$S_{12} = 2057.912 - 590.8 \times 34.8/10 = 1.928,$$

$S_{1y} = 20199.6 - 590.8 \times 340.6/10 = 76.95,$

$S_{2y} = 1185.949 - 34.8 \times 340.6/10 = 0.6610$

そこで，偏差積和行列 S は

$$S = \begin{pmatrix} S_{11} & S_{12} \\ S_{21} & S_{22} \end{pmatrix} = \begin{pmatrix} 204.5 & 1.928 \\ 1.928 & 0.07680 \end{pmatrix}$$

だから，その逆行列は MINVERSE 関数から

$$S^{-1} = \begin{pmatrix} S^{11} & S^{12} \\ S^{21} & S^{22} \end{pmatrix} = \begin{pmatrix} 0.006406 & -0.1608 \\ -0.1608 & 17.06 \end{pmatrix}$$

と求まる。そこで，偏回帰係数を求めると

$$\widehat{\beta}_1 = S^{11}S_{1y} + S^{12}S_{2y} = 0.006406 \times 76.95 + (-0.1608) \times 0.661 = 0.3867,$$

$$\widehat{\beta}_2 = S^{21}S_{1y} + S^{22}S_{2y} = -0.1608 \times 76.95 + 17.06 \times 0.661 = -1.099,$$

$$\widehat{\beta}_0 = \overline{y} - \widehat{\beta}_1\overline{x}_1 - \widehat{\beta}_2\overline{x}_2 = 340.6/10 - 0.3867 \times 590.8/10 - (-1.099) \times 34.8/10 = 15.04$$

となるので，推定される回帰式は $y = 15.04 + 0.3867x_1 - 1.099x_2$ である。□

演 2-8　製造品出荷額 (y) を，事業所数 (x_1) と従業員数 (x_2) で説明する回帰モデルを考えるときの，y の x への回帰直線の式を求めよ。平成 7 年工業統計表産業編 (通商産業省調査統計部) より引用。

表 2.23　製造業のデータ

項目 / 県名 No.	事業所数 (x_1)	従業員数 (x_2) 千人	製造品出荷額 (y) 億円
鳥取 1	1718	54	11575
島根 2	2346	61	10500
岡山 3	6455	192	68634
広島 4	8756	257	77162
山口 5	3161	124	48967
徳島 6	2698	65	14653
香川 7	3873	90	23872
愛媛 8	4568	119	35807
高知 9	1934	39	7054
和歌山 10	3507	69	22560

2.3.2　あてはまりの良さ

単回帰モデルの場合と同様，予測値 $\widehat{y}_i = \widehat{\beta}_0 + \widehat{\beta}_1 x_{i1} + \cdots + \widehat{\beta}_p x_{ip} (i = 1, \cdots, n)$ と実際のデータ y_i との離れ具合の $y_i - \widehat{y}_i$ を**残差** (residual) といい，e_i で表す。データと平均との差の分解をすると

$$(2.52)\qquad y_i - \overline{y} = y_i - \widehat{y}_i + \widehat{y}_i - \overline{y} = e_i + \widehat{y}_i - \overline{y}$$
$$= \text{回帰からの残差} + \text{回帰による偏差}$$

である。単回帰モデルと同様

$$\widehat{y}_i - \overline{y} = \widehat{\beta}_0 + \widehat{\beta}_1 x_{i1} + \cdots + \widehat{\beta}_p x_{ip} - \overline{y} = \widehat{\beta}_1(x_{i1} - \overline{x}_1) + \cdots + \widehat{\beta}_p(x_{ip} - \overline{x}_p)$$

より

$$\sum_{i=1}^{n} e_i(\widehat{y}_i - \overline{y}) = \sum_{i=1}^{n} e_i \left\{ \widehat{\beta}_1(x_{i1} - \overline{x}_1) + \cdots + \widehat{\beta}_p(x_{ip} - \overline{x}_p) \right\}$$
$$= \widehat{\beta}_1\{\sum e_i x_{i1} - \overline{x}_1 \sum e_i\} + \cdots + \widehat{\beta}_p\{\sum e_i x_{ip} - \overline{x}_p \sum e_i\}$$

と変形され，式 (2.39) の上から 2 番目以降の式より

$$\sum e_i x_{i1} = 0, \cdots, \sum e_i x_{ip} = 0$$

であり，また 式 (2.39) の一番上の式から

$$\sum e_i = \sum \left\{ y_i - (\widehat{\beta}_0 + \widehat{\beta}_1 x_{i1} + \cdots + \widehat{\beta}_p x_{ip}) \right\} = 0$$

だから

$$\sum_{i=1}^{n} e_i(\widehat{y}_i - \overline{y}) = 0$$

が成立する。そこで，全変動 (偏差平方和) の分解を行うと

$$(2.53)\qquad \sum_{i=1}^{n}(y_i - \overline{y})^2 = \sum_{i=1}^{n} e_i^2 + \sum_{i=1}^{n}(\widehat{y}_i - \overline{y})^2 + 2\underbrace{\sum_{i=1}^{n} e_i(\widehat{y}_i - \overline{y})}_{=0}$$
$$= \sum_{i=1}^{n} e_i^2 + \sum_{i=1}^{n}(\widehat{y}_i - \overline{y})^2$$

が成立する。つまり，

$$\begin{aligned} \text{全変動} &= \text{回帰からの残差変動} + \text{回帰による変動} \\ S_T &= S_e + S_R \end{aligned}$$

と分解され，単回帰モデルと同様に全変動のうちの回帰による変動の割合

$$(2.54)\qquad \frac{S_R}{S_T} = 1 - \frac{S_e}{S_T}$$

を**寄与率** (proportion) または**決定係数** (coefficient of determination) という。

分散分析表でかくと，以下の表 2.24 のようである。

表 2.24 分散分析表

変動 要因	平方和 S	自由度 ϕ	不偏分散 V	分散比 F 値 : F_0	期待値 $E(V)$
回帰による (R)	S_R	ϕ_R	V_R	$\frac{V_R}{V_e}$	$\sigma_e^2 + \frac{1}{p}\sum_{j,k}^{p} \beta_j \beta_k S_{jk}$
回帰からの残差 (e)	S_e	ϕ_e	V_e		σ_e^2
全変動 (T)	S_T	ϕ_T			

回帰平方和 : $S_R = \sum(\widehat{y}_i - \overline{y})^2$, **残差平方和** : $S_e = \sum(y_i - \widehat{y}_i)^2$,
全平方和 : $S_T = S_{yy} = \sum(y_i - \overline{y})^2$,
$\phi_R = p$ (= 説明変数の個数), $\phi_T = n - 1$ (= データ数 − 1),
$\phi_e = n - p - 1$ (= データ数 − 説明変数の個数 − 1)

次に，y と 予測値 $\widehat{y}$ の相関係数を，**重相関係数** (multiple correlation coefficient) というが，以下の関係がある。

公式

> y と予測値 $\widehat{y}$ の相関係数の 2 乗=寄与率

なぜなら

$$(2.55) \qquad r_{y\widehat{y}} = \frac{S_{y\widehat{y}}}{\sqrt{S_{yy}}\sqrt{S_{\widehat{y}\widehat{y}}}} = \frac{\sum_{i=1}^{n}(y_i - \overline{y})(\widehat{y}_i - \overbrace{\overline{\widehat{y}}}^{=\overline{y}})}{\sqrt{\sum_{i=1}^{n}(y_i - \overline{y})^2}\sqrt{\sum_{i=1}^{n}(\widehat{y}_i - \overline{y})^2}}$$
$$= \frac{S_R}{\sqrt{S_T}\sqrt{S_R}} = \sqrt{\frac{S_R}{S_T}} = R$$

と変形されるからである。ここに

$$\begin{aligned} S_{y\widehat{y}} &= \sum_{i=1}^{n}(y_i - \overline{y})(\widehat{y}_i - \overline{y}) = \sum_{i=1}^{n}(y_i - \widehat{y}_i + \widehat{y}_i - \overline{y})(\widehat{y}_i - \overline{y}) \\ &= \sum_{i=1}^{n} e_i(\widehat{y}_i - \overline{y}) + \sum_{i=1}^{n}(\widehat{y}_i - \overline{y})^2 = S_R \end{aligned}$$

である。

$$\begin{aligned} S_R &= \sum_{i=1}^{n}(\widehat{y}_i - \overline{y})^2 = \sum_{i=1}^{n}\left\{\sum_{j=1}^{p}\widehat{\beta}_j(x_{ij} - \overline{x}_j)\right\}^2 \\ &= \sum_{i=1}^{n}\sum_{j=1}^{p}\sum_{k=1}^{p}\widehat{\beta}_j(x_{ij} - \overline{x}_j)\widehat{\beta}_k(x_{ik} - \overline{x}_k) \\ &= \sum_{j=1}^{p}\sum_{k=1}^{p}\widehat{\beta}_j\widehat{\beta}_k S_{jk} \end{aligned}$$

また

$$\sum_{k=1}^{p}\widehat{\beta}_k S_{jk} = S_{jy}$$

だから，次の関係がある。

公式

回帰による変動 (S_R) と残差変動 (S_e) は，次式で与えられる

(2.56) $$S_R = \sum_{j=1}^{p}\widehat{\beta}_j S_{jy} = \widehat{\beta}_1 S_{1y} + \cdots + \widehat{\beta}_p S_{py}$$

(2.57) $$S_e = S_T - S_R = S_{yy} - \widehat{\beta}_1 S_{1y} - \cdots - \widehat{\beta}_p S_{py}$$

R は，また観測値 y と $x_1,\cdots,x_p$ の**重相関係数** (multiple correlation coefficient) ともいい，$r_{y\cdot 12\cdots p}$ で表すと

(2.58) $$r_{y\cdot\widehat{y}} = r_{y\cdot 12\cdots p} = R = \frac{\displaystyle\sum_{i=1}^{n}(y_i - \overline{y})(\widehat{y}_i - \overline{\widehat{y}})}{\sqrt{\displaystyle\sum_{i=1}^{n}(y_i - \overline{y})^2}\sqrt{\displaystyle\sum_{i=1}^{n}(\widehat{y}_i - \overline{y})^2}}$$

である。

S_e を $V_e = \dfrac{S_e}{n-p-1}$，S_T を $V_T = \dfrac{S_T}{n-1}$ で置き換えた

(2.59) $$R^* = \sqrt{1 - \frac{V_e}{V_T}}$$

を**自由度調整済重相関係数** (adjusted multiple correlation coefficient), $(R^*)^2$ を**自由度調整済寄与率** (adjust propotion) という。n が p よりかなり大きい場合は調整する必要はないが，$n-p-1$ があまり大きくないときは，回帰の寄与率を回帰変動と全変動を，それらの自由度で割った上記の R^* を用いるのが良い。説明変数を増やせば，寄与率は単調に増えるので，説明変数が多い場合，単純な寄与率で見るのも良くない。S_R には真の回帰による変動と誤差による変動 (分散) も含まれているため，それを取り除いた $S_R - pV_e$ と S_T の比で寄与率を考えるのが良いだろう。

（1） 偏回帰係数

偏回帰係数は，対応する説明変数の目的変数に対する寄与の程度を示していると考えられる。他の説明変数との間になんら相関がない場合は，単回帰分析と直接に結びつくが，普通の場合，そうではない。実際には以下のことが成立する。

公式

偏回帰係数 $\widehat{\beta}_1$ は，y から $x_2,\cdots,x_p$ の影響を取り除いた残差 (それらを一定としたもとで) の，x_1 から $x_2,\cdots,x_p$ の影響を取り除いた残差 (それらを一定としたもの) に対する単回帰係数の推定量に等しい。

（2） 偏相関係数

偏相関係数の場合についても，以下の公式が成立する。

公式

$x_2,\cdots,x_p$ の影響を除いたとき (それらを一定としたとき) の，x_1 と y の**偏相関係数** (partial correlation coefficient) $r_{1y\cdot 23\cdots p}$ は，x_1 および y の $x_2,\cdots,x_p$ に対する回帰残差の間の (単) 相関係数である。

実際，各説明変数 $x_1,\cdots,x_p$ と y の相関行列 R を成分を使って

$$R = \begin{bmatrix} 1 & r_{12} & \cdots & r_{1p} & r_{1y} \\ r_{21} & 1 & \cdots & r_{2p} & r_{2y} \\ \vdots & \vdots & \ddots & \vdots & \vdots \\ r_{p1} & r_{p2} & \cdots & 1 & r_{py} \\ r_{y1} & r_{y2} & \cdots & r_{yp} & 1 \end{bmatrix}_{(p+1)\times(p+1)} \tag{2.60}$$

と表す。また，その逆行列 R^{-1} を

$$R^{-1} = \begin{bmatrix} r^{11} & r^{12} & \cdots & r^{1p} & r^{1y} \\ r^{21} & r^{22} & \cdots & r^{2p} & r^{2y} \\ \vdots & \vdots & \ddots & \vdots & \vdots \\ r^{p1} & r^{p2} & \cdots & r^{pp} & r^{py} \\ r^{y1} & r^{y2} & \cdots & r^{yp} & r^{yy} \end{bmatrix}_{(p+1)\times(p+1)} \tag{2.61}$$

と成分表示する。このとき，$x_1, \cdots, x_{j-1}, x_{j+1}, x_p$ を一定としたときの x_j と y の相関係数である偏相関係数は

公式

$$r_{jy\cdot 1\cdots j-1,j+1\cdots p} = r_{jy\cdot\check{j}} = \frac{-r^{jy}}{\sqrt{r^{jj}r^{yy}}} \tag{2.62}$$

で与えられる。

（3）偏相関と偏回帰係数

一般に，$x_2, \cdots, x_p$ を一定としたもとでの y と x_1 の偏相関係数 $r_{y1\cdot 2\cdots p}$ と，y を $x_1, \cdots, x_p$ で回帰したときの x_1 の偏回帰係数 $\widehat{b}_{y1\cdot 2\cdots p}$，および x_1 を $y, x_2, \cdots, x_p$ で回帰したときの y の偏回帰係数 $\widehat{b}_{1y\cdot 2\cdots p}$ の間に，次の関係がある。

公式

$$r^2_{y1\cdot 2\cdots p} = \widehat{b}_{y1\cdot 2\cdots p} \cdot \widehat{b}_{1y\cdot 2\cdots p} \tag{2.63}$$

(4) 重相関と偏相関

一般に，y と $x_1, \cdots, x_p$ との重相関係数を $R_{y \cdot 12 \cdots p}$ で表すと，

───── 公式 ─────

(2.64) $\quad 1 - R_{y \cdot 12 \cdots p}^2 = (1 - r_{y1}^2)(1 - r_{y2 \cdot 1}^2)(1 - r_{y3 \cdot 12}^2) \cdots (1 - r_{yp \cdot 12 \cdots p-1}^2)$

が成立する。

$p = 2$ の場合

標準偏回帰係数 (β_j')

$\beta_j' = \beta_j \sqrt{\dfrac{S_{jj}}{S_{yy}}}$

(単) 回帰係数 $(\widehat{\beta}_{y1 \cdot 2}) \longrightarrow \widehat{b}_{y1 \cdot 2} = \widehat{\beta}_1 \longrightarrow$ 偏回帰係数 (β_j)

$r_{y1 \cdot 2}^2 = \widehat{b}_{y1 \cdot 2} \cdot \widehat{b}_{1y \cdot 2}$

(単) 相関係数 $(r_{y1}) \longrightarrow r_{1y \cdot 2} = \dfrac{-r^{1y}}{\sqrt{r^{11} r^{yy}}} \longrightarrow$ 偏相関係数 $(r_{y1 \cdot 2})$

$1 - R_{y \cdot 12}^2 = S_{yy}(1 - r_{y1}^2)(1 - r_{y2 \cdot 1}^2)$

重相関係数 $(R_{y \cdot 12})$

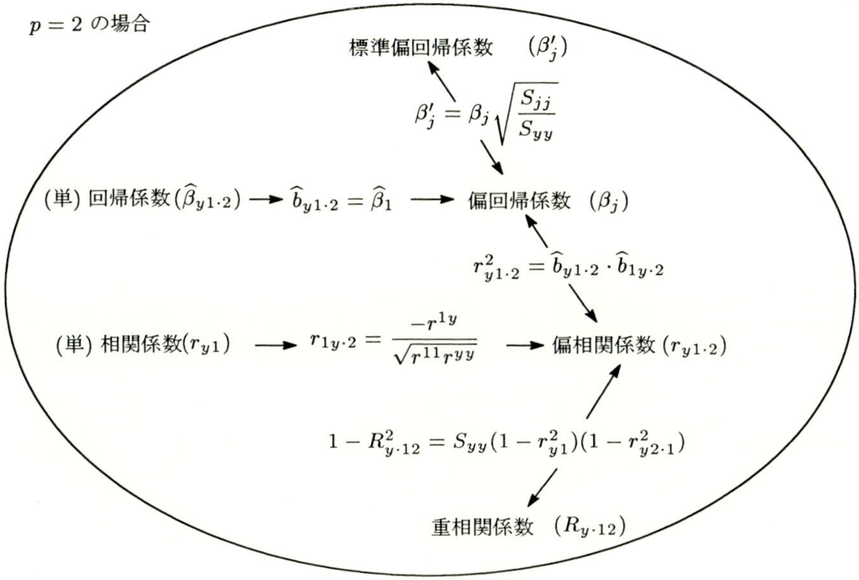

図 2.15 各係数間の関係

そして，今まででてきたいくつかの係数をまとめると，図 2.15 のようになるだろう。

演 2-9 以下の空欄を埋めよ。

目的変数 y と説明変数 x_1, x_2 に対する $n = 20$ 組のデータに基づいて，次の統計量が得られた。

$\overline{x}_1, \overline{x}_2, \overline{y} \quad S_{11}, S_{12}, S_{22} \quad S_{1y}, S_{2y}, S_{yy}(= S_T)$

(1) データの構造式を

$y_i = \beta_0 + \beta_1 x_{i1} + \beta_2 x_{i2} + \varepsilon_i \quad (i = 1, 2, \cdots, 20)$

とする。係数 β_1,β_2 は，特に $\boxed{①}$ 回帰係数とよばれる。また，ε_i は誤差の 4 条件を満たすものとする。　　　(語句)

説明変数 x_1, x_2 に関する平方和・積和行列 S の逆行列を，以下のようにする。

$$S^{-1} = \begin{pmatrix} S^{11} & S^{12} \\ S^{21} & S^{22} \end{pmatrix}$$

(2) 各母数 β_0,β_1,β_2 分散 $V(\varepsilon_i) = \sigma^2$ の推定

各母数の推定量は

$$\widehat{\beta}_1 = ◎$$

$$\widehat{\beta}_2 = ◎\ S_{1y} + \boxed{②} S_{2y}$$

(添字付き記号)

$$\widehat{\beta}_0 = \boxed{③} - \widehat{\beta}_1\overline{x}_1 - \widehat{\beta}_2\overline{x}_2$$

(記号)

$$\widehat{\sigma}^2 = V_e$$

で与えられる。

(3) 分散分析

y_i の平方和は，回帰による平方和 S_R と残差による平方和 S_e に分解される。

ここで，回帰による平方和 S_R は

$$S_R = \widehat{\beta}_1 S_{1y} + \widehat{\beta}_2 S_{2y}$$

である。

表 2.25　分散分析表

要　因	S	ϕ	V	F_0
回　帰	S_R	$\boxed{④}$ (数値)		
残　差	S_e			
計				

寄与率 R^2 は $R^2 = \dfrac{S_R}{\boxed{⑤}}$

(添字付き記号)

で与えられ，その平方根 R は $\boxed{⑥}$ とよばれる。

(語句)

例 2-6　例 2-5 の 10 県における平均月消費支出額を，平均月収額と世帯人員で回帰するときの寄与率を求めよ。また，分散分析表も作成せよ。

[解]　**手順 1**　寄与率の計算

$S_R = \widehat{\beta}_1 S_{1y} + \widehat{\beta}_2 S_{2y} = 0.387 \times 76.95 + (-1.099) \times 0.661 = 29.05$ より

$$\text{寄与率} = R^2 = \frac{S_R}{S_T} = \frac{29.05}{46.18} \fallingdotseq 0.629$$

と計算される。そこで，このモデルでの寄与率は 62.9% である。

手順 2　分散分析表 (表 2.26) の作成

表 2.26　分散分析表

変動 要因	平方和 S	自由度 ϕ	不偏分散 V	分散比 F 値 : F_0
回帰による (R) 回帰からの残差 (e)	29.05 17.13	$\phi_R = p = 2$ $\phi_e = n - p - 1 = 7$	14.53 2.447	5.938
全変動 (T)	46.18	$\phi_T = n - 1 = 9$		

また，$F(2,7;0.05) = 4.7374$，$F(2,7;0.025) = 6.5415$ だから，有意水準 5%の検定では，モデルは有効でないという帰無仮説は棄却され，回帰モデルは役に立つといえよう。ただし，有意水準 2.5%では有意とはならない。 □

演 2-10　演 2-8 での寄与率と分散分析表を作成せよ。

2.4　* 回帰に関する検定と推定

母数 $\boldsymbol{\beta}$ に関する推定・検定を，ここでは考えよう。

(2.65)　$y_i = \beta_0 + \beta_1 x_{i1} + \cdots + \beta_p x_{ip} + \varepsilon_i \quad (i = 1, \cdots, n)$

$\varepsilon_1, \cdots, \varepsilon_n \overset{i.i.d.}{\sim} N(0, \sigma^2)$ (互いに独立に，同一の分布 $N(0, \sigma^2)$ に従う)。

これを，ベクトル表現での成分を使ってかけば

(2.66)　$(p' = p + 1)$

$$\begin{pmatrix} y_1 \\ y_2 \\ \vdots \\ y_n \end{pmatrix}_{n\times 1} = \begin{pmatrix} 1 & x_{11} & \cdots & x_{1p} \\ 1 & x_{21} & \cdots & x_{2p} \\ \vdots & \vdots & \ddots & \vdots \\ 1 & x_{n1} & \cdots & x_{np} \end{pmatrix}_{n\times p'} \begin{pmatrix} \beta_0 \\ \beta_1 \\ \vdots \\ \beta_p \end{pmatrix}_{p'\times 1} + \begin{pmatrix} \varepsilon_1 \\ \varepsilon_2 \\ \vdots \\ \varepsilon_n \end{pmatrix}_{n\times 1},$$

$\boldsymbol{\varepsilon} \sim N_n(\mathbf{0}, \sigma^2 I_n)$ である。ただし，

$$I_n = \begin{pmatrix} 1 & 0 & \cdots & 0 \\ 0 & 1 & \cdots & 0 \\ \vdots & \vdots & \ddots & \vdots \\ 0 & \cdots & 0 & 1 \end{pmatrix}_{n\times n} \quad \text{で，} \quad S = \begin{pmatrix} S_{11} & S_{12} & \cdots & S_{1p} \\ S_{21} & S_{22} & \cdots & S_{2p} \\ \vdots & \vdots & \ddots & \vdots \\ S_{p1} & S_{p2} & \cdots & S_{pp} \end{pmatrix}_{p\times p}$$

$\overline{\boldsymbol{x}} = (\overline{x}_1, \cdots, \overline{x}_p)^T$ とおくと，正規方程式は，式 (2.44) から

$$\frac{\partial}{\partial \tilde{\boldsymbol{\beta}}}(\boldsymbol{y} - \tilde{X}\tilde{\boldsymbol{\beta}})^T(\boldsymbol{y} - \tilde{X}\tilde{\boldsymbol{\beta}}) = \mathbf{0} \text{ より}$$

(2.67) $$\begin{bmatrix} n & \mathbf{0}^T \\ \mathbf{0} & S \end{bmatrix} \begin{bmatrix} \widehat{\alpha} \\ \widehat{\boldsymbol{\beta}}_1 \end{bmatrix} = \begin{bmatrix} n\overline{y} \\ \boldsymbol{S}_{xy} \end{bmatrix}, \text{（ただし，}\boldsymbol{\beta}_1 = (\beta_1, \cdots, \beta_p)^T\text{）}$$

である。したがって，推定量は以下の式で与えられる。

(2.68) $$\widehat{\alpha} = \overline{y}, \quad \widehat{\boldsymbol{\beta}}_1 = S^{-1}\boldsymbol{S}_{xy}$$

そして

(2.69) $$E[\widehat{\boldsymbol{\beta}}] = E[(X^TX)^{-1}X^T\boldsymbol{y}] = (X^TX)^{-1}X^TE[\boldsymbol{y}] = (X^TX)^{-1}X^TX\boldsymbol{\beta} = \boldsymbol{\beta}$$

より，$\widehat{\boldsymbol{\beta}}$ は $\boldsymbol{\beta}$ の不偏推定量である。また，

(2.70) $$\begin{aligned} Var[\widehat{\boldsymbol{\beta}}] &= Var[(X^TX)^{-1}X^T\boldsymbol{y}] = (X^TX)^{-1}X^TVar[\boldsymbol{y}]X(X^TX)^{-1} \\ &= \sigma^2(X^TX)^{-1} \end{aligned}$$

である。ここで

(2.71) $$(X^TX)^{-1} = \begin{bmatrix} n & \mathbf{0}^T \\ \mathbf{0} & S \end{bmatrix}^{-1} = \begin{bmatrix} n^{-1} & \mathbf{0}^T \\ \mathbf{0} & S^{-1} \end{bmatrix}$$

が成立するので，次の関係式が成立する。

- $Var[\widehat{\alpha}] = \dfrac{1}{n}\sigma^2, \quad Var[\widehat{\boldsymbol{\beta}}_1] = \sigma^2 S^{-1}, \quad Cov[\widehat{\alpha}, \widehat{\boldsymbol{\beta}}_1] = \mathbf{0}$,
- $E[\widehat{\beta}_0] = E[\widehat{\alpha} - \overline{\boldsymbol{x}}^T\widehat{\boldsymbol{\beta}}_1] = \alpha - \overline{\boldsymbol{x}}^T\boldsymbol{\beta}_1 = \beta_0$,
- $Var[\widehat{\beta}_0] = Var[\widehat{\alpha}] + 2Cov[\widehat{\alpha}, \overline{\boldsymbol{x}}^T\widehat{\boldsymbol{\beta}}_1] + \overline{\boldsymbol{x}}^TVar[\widehat{\boldsymbol{\beta}}_1]\overline{\boldsymbol{x}} = \sigma^2(\frac{1}{n} + \overline{\boldsymbol{x}}^TS^{-1}\overline{\boldsymbol{x}})$,
- $Cov[\widehat{\beta}_0, \widehat{\beta}_j] = Cov[\widehat{\alpha} - \overline{\boldsymbol{x}}^T\widehat{\boldsymbol{\beta}}_1, \widehat{\beta}_j] = -Cov[\overline{\boldsymbol{x}}^T\boldsymbol{\beta}_1, \widehat{\beta}_j] = -\sigma^2\sum_{k=1}^{p}\overline{x}_kS^{jk}$

$(j = 1, \cdots, p)$

2.4.1　分　布

(1) $\widehat{\beta}_j$ の分布 $(j = 1, \cdots, p)$

$$\frac{\widehat{\beta}_j - \beta_j}{\sqrt{S^{jj}\sigma^2}} \sim N(0, 1^2) \tag{2.72}$$

である。

(2) $\widehat{\beta}_0$ の分布

$$\frac{\widehat{\beta}_0 - \beta_0}{\sqrt{\left(\dfrac{1}{n} + \overline{\boldsymbol{x}}^T S^{-1} \overline{\boldsymbol{x}}\right)\sigma^2}} \sim N(0, 1^2) \tag{2.73}$$

である。

(3) 平方和の分布

$$\frac{S_e}{\sigma^2} = \sum_{i=1}^{n} \left(\frac{\widehat{y}_i - \overline{y}}{\sigma}\right)^2 \sim \chi^2_{n-p-1} \tag{2.74}$$

$$\frac{S_R}{\sigma^2} \sim \chi^2_p \left(\frac{1}{\sigma^2} \sum_{j=1}^{p} \sum_{k=1}^{p} \beta_j \beta_k S_{jk}\right) \tag{2.75}$$

ただし，式 (2.75) の右辺は非心度 $\dfrac{1}{\sigma^2} \displaystyle\sum_{j=1}^{p} \sum_{k=1}^{p} \beta_j \beta_k S_{jk}$，自由度 p のカイ 2 乗分布を表す。更に，$\dfrac{S_e}{\sigma^2}$ と $\dfrac{S_R}{\sigma^2}$ は独立である。

2.4.2　いろいろな検定・推定

（1）零仮説の検定 (モデルが役に立つか立たないかの検定)

回帰モデルが有効かどうかを調べたいときは，全ての回帰係数が 0 であるかどうかを調べればよい。そこで，$\boldsymbol{\beta}_1 = \boldsymbol{0} \iff \beta_1 = \beta_2 = \cdots = \beta_p = 0$ を調べればよい。つまり，以下のような仮説検定問題について調べればよい。

$$\begin{cases} \mathrm{H}_0 \ : \ \boldsymbol{\beta}_1 = \boldsymbol{0} \\ \mathrm{H}_1 \ : \ \boldsymbol{\beta}_1 \neq \boldsymbol{0} \quad (\text{少なくとも一つの}\beta_j \neq 0) \end{cases}$$

このとき，帰無仮説 H_0 のもとで

$$(2.76) \qquad F_0 = \frac{V_R}{V_e} = \frac{S_R/p}{S_e/(n-p-1)} \sim F_{p,n-p-1}$$

である。そこで，次の検定法が採られる。有意水準 α のとき

検定方式

> 零仮説の検定 (H_0:$\boldsymbol{\beta}_1 = \mathbf{0}$, H_1:$\boldsymbol{\beta}_1 \neq \mathbf{0}$) について
>
> $F_0 \geqq F(p, n-p-1; \alpha) \quad \Longrightarrow H_0$を棄却

例 2-7 例 2-5 の 10 県に関する月平均支出の実収入と世帯人数による線形回帰モデルは，意味があるか (有効か) を有意水準 5%で検定せよ。

[解] 手順 1 モデルの設定

$y_i = \beta_0 + \beta_1 x_{i1} + \beta_2 x_{i2} + \varepsilon_i$

なるモデルを仮定した。

手順 2 仮説と有意水準の設定。モデルが有効でないのは，偏回帰係数がいずれも 0 である場合なので，次のような仮説となる。

$$\begin{cases} H_0 & : \quad \beta_1 = \beta_2 = 0 \\ H_1 & : \quad \text{少なくとも一つの}\beta_j \neq 0, \quad \text{有意水準 } \alpha = 0.05 \end{cases}$$

手順 3 分散分析表 (表 2.27) の作成と検定統計量の計算

表 2.27 分散分析表

変動 要因	平方和 S	自由度 ϕ	不偏分散 V	分散比 F 値 : F_0	期待値 $E(V)$
回帰による (R)	29.05	2	14.53	5.938	$\sigma^2 + \dfrac{1}{p}\sum_{j,k}^{p} \beta_j \beta_k S_{jk}$
回帰からの残差 (e)	17.13	7	2.447		σ^2
全変動 (T)	46.18	9			

表 2.27 から，検定統計量は $F_0 = \dfrac{V_R}{V_e} = 5.938$ と求まる。

手順 4 判定と結論

検定統計量と自由度 (2,7) の F 分布の上側 5% 点と比較すると，$F_0 = 5.938 > F(2, 7; 0.05) = 4.7374$ なので，帰無仮説 H_0 は有意水準 5% で棄却される。つまり，回帰モデルは有意水準 5%で有効であるといえる。しかし $F(2, 7; 0.025) = 6.5415$ な

ので，有意水準 2.5% では回帰モデルは有効でないとはいえない。なお，P 値つまり有意確率は，片側で 3.1%である。なお，表計算ソフトの Excel にある F 分布の関数を用いて，FDIST(5.938,2,7)=0.031 である。□

演 2-11　以下に示す表 2.28 の高速道路の 1 日当たりの平均料金収入 (百万円) を，開通距離 (km) と平均 1 日当たり利用台数 (千台) による線形回帰モデルが有効か検定せよ (日本道路公団年報)。

表 2.28　高速道路料金収入データ (1996 年度)

項目 / 道路名	開通距離 (x_1)	日平均台数 (x_2)	日平均収入 (y)
東名高速道路	346.7	412.7	733.9
名神高速道路	189.3	241.3	370.3
中央自動車道	366.8	256.4	403.4
長野自動車道	75.8	39.0	51.6
東北自動車道	679.5	271.4	574.6
道央自動車道	270.2	95.5	96.3
関越自動車道	246.3	194.3	303.3
北陸自動車道	481.1	143.2	267.5
中国自動車道	543.1	158.8	280.6
山陽自動車道	385.9	181.8	276.1
九州自動車道	345.3	187.1	275.5

（2）個々の (偏) 回帰係数に関する検定・推定

① β_j に関して

$$\frac{\widehat{\beta}_j-\beta_j}{\sqrt{S^{jj}\sigma^2}}\sim N(0,1^2) \tag{2.77}$$

より，σ^2 が未知のとき，その推定量 $V_e=\dfrac{S_e}{n-p-1}$ を代入すると

$$\frac{\widehat{\beta}_j-\beta_j}{\sqrt{S^{jj}V_e}}\sim t_{n-p-1} \tag{2.78}$$

である。β_j が，特定の値 β_j° に等しいかどうか調べたいときには，

$$\begin{cases} \mathrm{H}_0\ :\ \beta_j=\beta_j^\circ\ (\text{既知}) & (\rightleftarrows y_i=\beta_0+\beta_1x_{i1}+\cdots+\beta_j^\circ x_{ij}+\cdots+\beta_px_{ip}+\varepsilon_i) \\ \mathrm{H}_1\ :\ \beta_j\neq\beta_j^\circ & (\rightleftarrows y_i=\beta_0+\beta_1x_{i1}+\cdots+\beta_jx_{ij}+\cdots+\beta_px_{ip}+\varepsilon_i) \end{cases}$$

を検定する問題となる。

$$(2.79)\qquad t_0=\frac{\widehat{\beta}_j-\beta_j^\circ}{\sqrt{S^{jj}V_e}}\sim t_{n-p-1}\quad \text{under}\quad \mathrm{H}_0$$

なので，検定方式として

検定方式

個々の偏回帰係数に関する検定
(H_0:$\beta_j=\beta_j^\circ$ (既知), H_1:$\beta_j\neq\beta_j^\circ$) について
$|t_0|\geqq t(n-p-1,\alpha)\quad\Longrightarrow \mathrm{H}_0$を棄却する

が採用される。特に，$\beta_j^\circ=0$ の場合には x_j が y の変動の説明に寄与しているかどうか知りたいときである。また，β_j の点推定は $\widehat{\beta}_j$ で行い，信頼率 $100(1-\alpha)$%の信頼区間は

$$(2.80)\qquad \Pr\left(\frac{|\,\widehat{\beta}_j-\beta_j\,|}{\sqrt{S^{jj}V_e}}<t(n-p-1,\alpha)\right)=1-\alpha$$

より，次のように与えられる。

推定方式

偏回帰係数 β_j の点推定量は，$\widehat{\beta}_j=S^{j1}S_{1y}+\cdots+S^{jp}S_{py}\ (1\leqq j\leqq p)$
β_j の信頼率 $100(1-\alpha)$%の信頼区間は，

$$(2.81)\qquad \widehat{\beta}_j\pm t(n-p-1,\alpha)\sqrt{S^{jj}V_e}$$

② β_0(y 切片) に関して

$$\begin{cases}\mathrm{H}_0 & : \quad \beta_0=\beta_0^\circ \quad (\text{既知})\\ \mathrm{H}_1 & : \quad \beta_0\neq\beta_0^\circ\end{cases}$$

の検定は

$$(2.82)\qquad t_0=\frac{\widehat{\beta}_0-\beta_0^\circ}{\sqrt{\left(\dfrac{1}{n}+\displaystyle\sum_{j=1}^{p}\sum_{k=1}^{p}\overline{x}_j\overline{x}_kS^{jk}\right)V_e}}\sim t_{n-p-1}\quad \text{under}\quad \mathrm{H}_0$$

であることより

検定方式

母切片に関する検定 (H_0:$\beta_0 = \beta_0^\circ$ (既知), H_1:$\beta_0 \neq \beta_0^\circ$) について

$$|t_0| \geqq t(n-p-1,\alpha) \quad \Longrightarrow \quad H_0\text{を棄却する}$$

また，推定に関しては以下の公式が得られる。

推定方式

β_0 の点推定量は，$\widehat{\beta}_0 = \overline{y} - \widehat{\beta}_1\overline{x}_1 - \cdots - \widehat{\beta}_p\overline{x}_p$

β_0 の信頼率 $100(1-\alpha)$%の信頼区間は，

$$\widehat{\beta}_0 \pm t(n-p-1,\alpha)\sqrt{\left(\frac{1}{n} + \sum_{j=1}^{p}\sum_{k=1}^{p}\overline{x}_j\overline{x}_k S^{jk}\right)V_e} \tag{2.83}$$

例 2-8　例 2-5 の平均月消費支出額は，平均月収額に影響をうけるかどうかを有意水準 5% で検定せよ。更に，偏回帰係数 β_1 の 90% 信頼区間も求めよ。

[解]　**手順 1**　仮説と有意水準の設定

$$\begin{cases} H_0 \ : \ \beta_1 = 0 \quad (= \beta_1^\circ : \text{既知}) & (\rightleftarrows y_i = \beta_0 + \beta_2 x_{i2} + \varepsilon_i) \\ H_1 \ : \ \beta_1 \neq 0 & (\rightleftarrows y_i = \beta_0 + \beta_1 x_{i1} + \beta_2 x_{i2} + \varepsilon_i) \end{cases}$$

手順 2　検定統計量の計算

$$t_0 = \frac{\widehat{\beta}_1 - 0}{\sqrt{S^{11}V_e}} = \frac{S^{11}S_{1y} + S^{12}S_{2y}}{\sqrt{S^{11}S_e/(n-p-1)}} = \frac{0.387}{\sqrt{0.00641 \times 2.447}} = 3.09$$

である。

手順 3　判定と結論

自由度 $n-p-1 = 7$ の t 分布の両側 5% 点は $t(7, 0.05) = 2.3646$ だから，$|t_0| = 3.09 > 2.3646 = t(7, 0.05)$ より帰無仮説は有意である。つまり，有意水準 5% で平均月収額が支出に影響があるといえる。

また，β_1 の 90% 信頼区間は

$$\widehat{\beta}_1 \pm t(7, 0.10)\sqrt{S^{11}V_e}$$

より $0.387 \pm 1.8946 \times \sqrt{0.00641 \times 2.447} = 0.387 \pm 0.237 = 0.15 \sim 0.624$ となる。□

演 2-12　演 2-9 の続き，(4) β_2 に関する検定

β_1 は 0 でないと考える。β_2 に関する検定を行うとき，仮説は

$$\begin{cases} \mathrm{H}_0 : \beta_2 = 0 \\ \mathrm{H}_1 : \beta_2 \neq 0, \text{有意水準 } \alpha = 0.05 \end{cases}$$

となり，統計量は

$$t_0 = \frac{\widehat{\beta}_2}{\sqrt{S^{22}\boxed{⑦}}}$$

(添字付き記号または式)

となる。また，棄却域 R は

$$R : |t_0| \geqq t(\phi_e, 0.05)$$

となる。

演 2-13　例 2-5 のデータについて，世帯人員は支出に影響があるか，有意水準 10% で検定せよ。また，有意である場合，β_2 の 95% 信頼区間も求めよ。

③ いくつかの回帰係数の同時検定

$$\begin{cases} \mathrm{H}_0 \;:\; \beta_{q+1} = \cdots = \beta_p = 0 \qquad (1 \lneqq q \lneqq p) \\ \mathrm{H}_1 \;:\; \text{not} \quad \mathrm{H}_0 \end{cases}$$

については

$$S_e = S_{yy} - \widehat{\beta}_1 S_{1y} - \widehat{\beta}_2 S_{2y} - \cdots - \widehat{\beta}_p S_{py},$$

$$S'_e = S_{yy} - \widehat{\beta}'_1 S_{1y} - \widehat{\beta}'_2 S_{2y} - \cdots - \widehat{\beta}'_q S_{qy}$$

に関して，H_0 のもと

$$\frac{S_e}{\sigma^2} \sim \chi^2_{n-p-1}, \quad \frac{S'_e - S_e}{\sigma^2} \sim \chi^2_{p-q}$$

かつ $\dfrac{S_e}{\sigma^2}$ と $\dfrac{S'_e - S_e}{\sigma^2}$ は独立なので，H_0 のもとで以下のことが成立することを利用すると，

(2.84) $$F_0 = \frac{(S'_e - S_e)/(p-q)}{S_e/(n-p-1)} \sim F_{p-q,n-p-1}$$

検定方式

回帰係数の同時検定：

($\mathrm{H_0}:\beta_{q+1} = \cdots = \beta_p = 0 (1 \lneqq q \lneqq p)$, $\mathrm{H_1}$: not $\mathrm{H_0}$) について

$F_0 \geqq F(p-q, n-p-1; \alpha) \quad \Longrightarrow \quad \mathrm{H_0}$を棄却する

となる。ここで

(2.85) $$S'_e - S_e = (\widehat{\beta}_{q+1}, \cdots, \widehat{\beta}_p) \begin{pmatrix} S^{q+1q+1} & \cdots & S^{q+1p} \\ \vdots & \ddots & \vdots \\ S^{pq+1} & \cdots & S^{pp} \end{pmatrix} \begin{pmatrix} \widehat{\beta}_{q+1} \\ \vdots \\ \widehat{\beta}_p \end{pmatrix}$$

と行列表現される。

④ 特定の回帰式 $f^\circ = \beta_0^\circ + \beta_1^\circ x_1 + \cdots + \beta_p^\circ x_p$ (β_j°:既知) と一致するかどうか調べたいときは，各係数が一致するかどうかの検定，つまり

$$\begin{cases} \mathrm{H_0} : \beta_j = \beta_j^\circ \quad (j = 0, 1, \cdots, p) \\ \mathrm{H_1} : \text{not} \quad \mathrm{H_0} \end{cases}$$

を検定すればよい。これには

$$\widehat{f}_i = \widehat{\beta}_0 + \widehat{\beta}_1 x_{i1} + \cdots + \widehat{\beta}_p x_{ip} \text{ と } f_i^\circ = \beta_0^\circ + \beta_1^\circ x_{i1} + \cdots + \beta_p^\circ x_{ip}$$

とのくい違いをみればよい。いま，$\mathrm{H_0}$ のもと

(2.86) $$\frac{\sum_{i=1}^n (\widehat{f}_i - f_i^\circ)^2}{\sigma^2} \sim \chi^2_{p+1}$$

で，この統計量は S_e と独立なので $\mathrm{H_0}$ のもと

(2.87) $$F_0 = \frac{\sum_{i=1}^n (\widehat{f}_i - f_i^\circ)^2/(p+1)}{S_e/(n-p-1)} \sim F_{p+1,n-p-1}$$

である。これを利用すれば，次の検定方式が得られる。

検定方式

特定の回帰式との一致性の検定：

(H_0:$\beta_j = \beta_j^\circ$ $(j = 0, 1, \cdots, p)$, H_1: not H_0) について

$F_0 \geqq F(p+1, n-p-1; \alpha) \quad \Longrightarrow \quad \mathrm{H}_0$を棄却する

⑤ 回帰式の信頼区間

観測値が y_0，説明変数が $(x_{01}, \cdots, x_{0p})$ のとき，y_0 の期待値 $f_0 = \beta_0 + \beta_1 x_{01} + \cdots + \beta_p x_{0p}$ の推定量は

$$\widehat{f_0} = \widehat{\beta}_0 + \widehat{\beta}_1 x_{01} + \cdots + \widehat{\beta}_p x_{0p} = \overline{y} + \widehat{\beta}_1 (x_{01} - \overline{x}_1) + \cdots + \widehat{\beta}_p (x_{0p} - \overline{x}_p) \tag{2.88}$$

である。このとき

$$Var[\widehat{f_0}] = \Bigg\{ \frac{1}{n} + \underbrace{\sum_{j=1}^{p} \sum_{k=1}^{p} \Big(x_{0j} - \overline{x}_j\Big)\Big(x_{0k} - \overline{x}_k\Big) S^{jk}}_{=D_0^2} \Bigg\} \sigma^2 \tag{2.89}$$

である。ここに，D_0^2 を**マハラノビス (Maharanobis) の汎距離**という。そして，

$$\widehat{f_0} \sim N\left(f_0, \left(\frac{1}{n} + \frac{D_0^2}{n-1}\right)\sigma^2\right)$$

なので，

推定方式

$x = x_0$ における回帰式 f_0 の点推定量は，$\widehat{f_0} = \widehat{\beta}_0 + \widehat{\beta}_1 x_{01} + \cdots + \widehat{\beta}_p x_{0p}$

f_0 の信頼係数 $100(1-\alpha)$%の信頼区間は，

$$\widehat{f_0} \pm t(n-p-1, \alpha)\sqrt{\left(\frac{1}{n} + \frac{D_0^2}{n-1}\right) V_e} \tag{2.90}$$

また，$y_0 = \beta_0 + \beta_1 x_{01} + \cdots + \beta_1 x_{0p} + \varepsilon$ の予測値 $\widehat{y}_0$ について，

$$E[\widehat{y}_0] = f_0, \quad E[(\widehat{y}_0 - y_0)^2] = Var[\widehat{y}_0] + Var[y_0] = \left(1 + \frac{1}{n} + \frac{D_0^2}{n-1}\right)\sigma^2$$

が成立するので，

推定方式

$x = x_0$ でのデータ y_0 の点推定量は，$\widehat{y}_0 = \widehat{f}_0$
y_0 の信頼率 $100(1-\alpha)\%$の信頼区間は，

$$\widehat{y}_0 \pm t(n-p-1, \alpha)\sqrt{\left(1 + \frac{1}{n} + \frac{D_0^2}{n-1}\right) V_e} \tag{2.91}$$

で与えられる。このように，上式で回帰式の場合より V_e の係数が 1 増えていることに注意しよう。

例 2-9　例 2-5 のデータに関して，説明変数が $(x_{01}, x_{02}) = (40, 3)$ であるときの回帰式 $f = \beta_0 + \beta_1 x_{01} + \beta_2 x_{02}$ の，95% 予測区間および 将来予測される消費支出額 y_0 の，95% 信頼区間を求めよ。

[解] 手順 1　点推定値を求める。

$$\widehat{f}_0 = \widehat{y}_0 = \widehat{\beta}_0 + \widehat{\beta}_1 x_{01} + \widehat{\beta}_2 x_{02} = 15.04 + 0.387 \times 40 + (-1.099) \times 3 = 27.223$$

手順 2　信頼区間幅を求めた後，信頼区間を求める。

まず，マハラノビスの汎距離 D_0^2 を求めると

$D_0^2 = (x_{01} - \overline{x}_1)^2 S^{11} + 2(x_{01} - \overline{x}_1)(x_{02} - \overline{x}_2) S^{12} + (x_{02} - \overline{x}_2)^2 S^{22} = (40 - 59.08)^2 \times 0.00641 + 2(40 - 59.08)(3 - 3.48) \times (-0.1608) + (3 - 3.48)^2 \times 17.06 = 3.319$

である。また $V_e = 2.447$，$t(7, 0.05) = 2.3646$ より信頼区間は

$$\widehat{f}_0 \pm t(7, 0.05)\sqrt{\left(\frac{1}{n} + \frac{D_0^2}{n-1}\right) V_e} = 27.223 \pm 2.3646\sqrt{\left(\frac{1}{10} + \frac{3.319}{9}\right) 2.447}$$
$$= 27.223 \pm 2.533 = 24.69 \sim 29.76$$

と求まる。同様に，予測値の信頼区間は

$$\widehat{y}_0 \pm t(7, 0.05)\sqrt{\left(1 + \frac{1}{n} + \frac{D_0^2}{n-1}\right) V_e} = 27.223 \pm 4.483 = 22.74 \sim 31.71$$

と求まる。□

演 2-14　高速道路の料金収入に関するデータに関して，$(x_{01}, x_{02}) = (107.7, 43.0)$ (長崎自動車道) であるときの回帰式 $f = \beta_0 + \beta_1 x_{01} + \beta_2 x_{02}$ の 90% 予測区間，および 将来予測される料金収入額 y_0 の 90% 信頼区間を求めよ。

2.5 ＊回帰診断 (regression diagnostics)

回帰分析において仮定したモデルが，妥当か (データとモデルのずれが大きくないか，データの分布などに関する仮定は満たされているか，影響の大きいデータはないか，など) を調べるための方法がいろいろ考えられており，1. 残差分析，2. 感度分析，3. 多重共線性の検出等が実際に行われる。寄与率 R^2 が大きいとか，係数の t 検定で有意だから，モデルがデータに良く適合していると単純にはいえない。例えば，以下のような図 2.16 のデータをみると，寄与率は同じだがデータに癖があり，誤差の仮定が満足されていない。

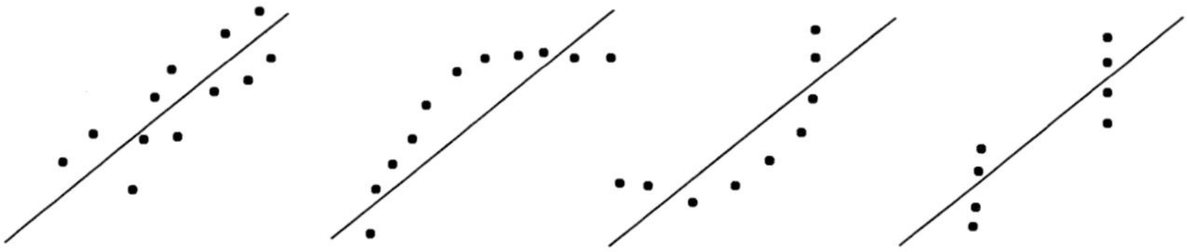

図 2.16 同じ寄与率だがデータに癖がある場合

データに内在する固有の癖を見逃し，誤った解釈をしかねない。そして，簡単かつ効果的な方法に残差を検討することがある。

2.5.1 残差分析 (residuals analysis)

残差の解析により，以下のようなことを調べる。

- データに異常値 (outlier)，外れ値が混ざってないか。
- 回帰式は，本当に説明変数の線形式 (一次式) か。
- 誤差について独立性, 等分散性, 正規性, 不偏性を満足しているか。
- 特に影響を与えているデータは，どれか。

(1) 残差の分布

残差 e_i は，実測値 y_i と回帰式による予測値 $\widehat{y}_i$ の差であり，

(2.92) $$e_i = y_i - \widehat{y}_i \quad (\boldsymbol{e} = \boldsymbol{y} - X\widehat{\boldsymbol{\beta}})$$

で定義される。そこで

(2.93) $$E[\boldsymbol{e}] = \boldsymbol{0}$$

(2.94) $$Var[\boldsymbol{e}] = \sigma^2\{I - X(X^TX)^{-1}X^T\}$$

が成立する。また，成分ごとにみれば

$$Var[e_i] = \sigma^2 \left\{ 1 - \frac{1}{n} - (\boldsymbol{x}_i - \overline{\boldsymbol{x}})^T S^{-1} (\boldsymbol{x}_i - \overline{\boldsymbol{x}}) \right\}$$

$$Cov[e_i, e_j] = -\sigma^2 \left\{ \frac{1}{n} + (\boldsymbol{x}_i - \overline{\boldsymbol{x}})^T S^{-1} (\boldsymbol{x}_i - \overline{\boldsymbol{x}}) \right\} \quad (i \neq j)$$

で，e_i は不偏で正規分布にしたがうが，等分散でもなく無相関でもない。ただし，$n \to \infty$ のとき $Var[e_i] \to \sigma^2$ かつ $Cov[e_i, e_j] \to 0$ である。

（2）残差のプロット

$e_i \sim N(0, \sigma^2)$ とみなせるので，

$$e'_i = \frac{e_i}{\sqrt{V_e}} \sim N(0, 1^2) \tag{2.95}$$

を**標準化残差** (standardized residual) という。この残差を検討することの有効性は，アンスコム (Anscombe) の数値例でも確認される。

1) 残差のヒストグラム

誤差が正規分布からずれているかどうかなど，視覚的に確認する。正規確率紙上にプロットすれば，より正規性からの乗離がみてとれる。

2) 残差の時系列プロット

打点された点の並び方から癖 (傾向があるか，中心からの変動の大きさなど) があるかどうか，読み取れれば大体の傾向がつかめる。

傾向的な変化には，

・右上がりか右下がりか

・周期性があるか

・曲線的か

・残差の大きさの変化

などをみることがある。また，誤差が互いに無相関であるかどうかを，定量的に評価するために調べるための方法に，以下の**ダービン・ワトソン (Durbin-Watson) 比**によって判定する方式がある。

$$d = \frac{\displaystyle\sum_{i=2}^{n} (e_i - e_{i-1})^2}{\displaystyle\sum_{i=2}^{n} e_i^2} \tag{2.96}$$

残差がランダム (独立) であれば，d が ほぼ 2 であるが，正の自己相関があれば 2 より小さく，負の自己相関があれば 2 より大きくなる。その値が 2 からのずれが大きいときには，独立性を疑い，調べる必要がある。

3) 残差と目的変数，または説明変数との散布図

説明変数を横軸にとり，(x_i, e_i) をプロットしてみる。

予測値 (推計値) を横軸にとり，$(\widehat{y}_i, e_i)$ をプロットすると，以下の図 2.17 のようなものがえられるとき，以下のように解釈される。

図 2.17 の①のような場合は大体，誤差としての性質が満足されていると思われ，問題なさそうである。②の場合は，ばらつきが次第に大きくなっており，等分散性が成り立ってなさそうである。そこで，データの変数変換により等分散になるようにして解析することが望まれる。③の場合，少数の異常値が存在することが疑われ，それらのデータについて調査する必要がある。④の場合は，線型回帰でなく 2 乗の項や積の項などを付け加えるか，y_i の変数変換を行ったほうがよいか検討する必要がある。

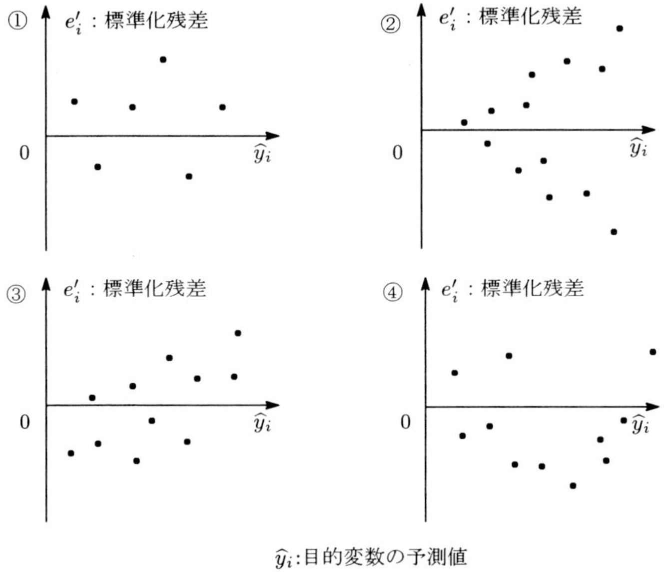

図 2.17 (予測値, 残差) の散布図

4) 偏回帰プロット

各説明変数が，どのように目的変数に影響を与えているかを検討する際に有効である。

$$y_i - \left(\widehat{\beta}_0 + \widehat{\beta}_1 x_{i1} + \cdots + \widehat{\beta}_p x_{ip}\right) \text{ と } x_j - \left(\widehat{\beta}_0 + \widehat{\beta}_1 x_{i1} + \cdots + \widehat{\beta}_p x_{ip}\right)$$

の散布図である。ただし，回帰の式からいずれも x_j の項を除く。

3 つ以上の母集団 (群) の分散が，均一かどうか (母分散の一様性) を定量的にみる方法には，以下のような検定方法がある。

① **コクランの検定** (Cochran)

各サンプルの大きさが，一定 ($n_i = n$) の場合に用いられ，$h(=1, \cdots, m)$ 群の不偏分散を V_h とし，最大のものを $V_{\max}$ で表すとするとき，

$$\begin{cases} \mathrm{H}_0 & : \text{母分散が一様} \\ \mathrm{H}_1 & : \text{母分散が一様でない} \end{cases}$$

を検定するための統計量は

(2.97)
$$C = \frac{V_{\max}}{\displaystyle\sum_{h=1}^{m} V_h}$$

で，C の分布の上側 α 分位点を $C(m, \phi; \alpha)$ で表せば，以下のような検定方式となる。なお，$C(m, \phi; \alpha)$ は，統計数値表 [36]p.76~ p.79 を参照されたい。

検定方式

$C \geqq C(m, \phi; \alpha) \quad (\phi = n-1) \quad \Longrightarrow \quad \mathrm{H}_0$ を棄却する

② **ハートレーの検定** (Hartley)

各サンプルの大きさが，一定 ($n_i = n$) の場合に用いられ，検定統計量に

(2.98)
$$H = \frac{V_{\max}}{V_{\min}}$$

を用いる。検定方式としては

検定方式

$H \geqq F_{\max}(m, \phi; \alpha) \quad \Longrightarrow \quad \mathrm{H}_0$ を棄却する

ただし，$F_{\max}(m, \phi; \alpha)$ は H の分布の上側 α 分位点であり，統計数値表

[36]p.72~ p.75 に与えられている。また，$\phi = n - 1$ である。

③ **バートレットの検定** (Bartlett)

各サンプルの大きさが一定でなくても，用いることができ，検定統計量に

(2.99) $$B = \frac{1}{c}\left\{\phi_T \ln V - \sum_{h=1}^{m} \phi_h \ln V_h\right\}$$

を用いる。ただし，

$$c = 1 + \frac{1}{3(m-1)}\left\{\sum_{h=1}^{m}\frac{1}{\phi_h} - \frac{1}{\phi_T}\right\}, \quad \phi_T = \sum_{h=1}^{m}\phi_h,\ V = \frac{\sum_{h=1}^{m}\phi_h V_h}{\phi_T}$$

である。そして，次の検定方式となる。

検定方式

$B \geqq \chi^2(m-1, \alpha) \implies \mathrm{H}_0$ を棄却する

データの変換による分散安定化, 正規分布へ近づけることによって改善する方法もとられている。

2.5.2 感度分析

その観測値がある場合と，ない場合での分析結果に大きな違いがある場合，そのデータの取り扱いには注意を要する。そのような影響の大きい観測値をみつける方法，またはその影響度をはかるには，以下のような方法がとられている。

① 説明変数の外れ値の検出

回帰モデル $\boldsymbol{y} = X\boldsymbol{\beta} + \boldsymbol{\varepsilon}$ での回帰母数の推定量は $\widehat{\boldsymbol{\beta}} = (X^T X)^{-1} X^T \boldsymbol{y}$ で，予測値は $\widehat{\boldsymbol{y}} = X\widehat{\boldsymbol{\beta}}$ である。そこで

(2.100) $$H = X(X^T X)^{-1} X^T = (h_{ij})_{n \times n}$$

とおくとき，H は**射影行列**といわれ，$\widehat{\boldsymbol{y}} = H\boldsymbol{y}$ と表される。そして，y_i について，$\widehat{y}_i$ を偏微分すると

$$\frac{\partial \widehat{y}_i}{\partial y_i} = h_{ii}$$

である。これは，観測値 y_i が予測値 $\widehat{y}_i$ に及ぼす影響の大きさを表していると解釈される。平均との比較の意味で

$$h_{ii} \geqq \frac{2(p+1)}{n}$$

なら i 組の影響が大きいとする基準もある。また，$\boldsymbol{\varepsilon} \sim N(\mathbf{0}, \sigma^2 I)$ より，予測値 $\widehat{y}_i$ の分散について $V(\widehat{y}_i) = h_{ii}\sigma^2$ だから，h_{ii} が予測値のバラツキへの影響を表す尺度になっている。なお，射影行列

$$H = X(X^T X)^{-1} X^T$$

の対角要素 h_{ii} は，**てこ比**または**レベレッジ** (leverage) と呼ばれる。

② 回帰係数ベクトルへの影響

i 番目のデータを除いた $n-1$ 個のデータによる回帰パラメータの推定量を $\widehat{\boldsymbol{\beta}}_{(i)}$ で表す。このとき，i 番のデータの影響を調べるための量 $DFFITS$ は

$$DFFIT_i = \frac{e_i}{|e_i|} \frac{\left(\left(\widehat{\boldsymbol{\beta}}_{(i)} - \widehat{\boldsymbol{\beta}}\right)^T X^T X \left(\widehat{\boldsymbol{\beta}}_{(i)} - \widehat{\boldsymbol{\beta}}\right)\right)^{1/2}}{s_{(i)}} \tag{2.101}$$

ただし，$s_{(i)}^2 = \dfrac{1}{n-p-2} \displaystyle\sum_{j \neq i} \left(y_j - \boldsymbol{x}^T \widehat{\boldsymbol{\beta}}_{(i)}\right)^2$

で定義される。また影響を測る量として，**Cook**（クック）の D があり，i 番のデータの D は

$$D_i = \frac{\left(\widehat{\boldsymbol{\beta}}_{(i)} - \widehat{\boldsymbol{\beta}}\right)^T X^T X \left(\widehat{\boldsymbol{\beta}}_{(i)} - \widehat{\boldsymbol{\beta}}\right)}{(p+1)s^2} \tag{2.102}$$

で定義される。その他，詳しくは，田中・垂水 [21]p.46,p.47 を参照されたい。

2．5．3 多重共線性の検出 (multicolinearity)

説明変数間の相関が高い場合，行列 $X^T X$ の行列式は 0 に近くなり，正規方程式 $X^T X \boldsymbol{\beta} = X^T \boldsymbol{y}$ の解 $\boldsymbol{\beta}$ が不安定となる。このようなときを，**多重共線性** (multicolinearity : **マルチコ**) があるという。そして，それを検出するための量として，**トレランス** (tolerance:t), **分散拡大要因** (VIF:Variance Inflation Factor) がある。各変数 x_j を，他の $p-1$ 個の変数で回帰するときの寄与率である R_j^2 を用いて，トレランス t_j と VIF_j は，それぞれ

$$t_j = 1 - R_j^2, \qquad VIF_j = \frac{1}{1-R_j^2} = \frac{1}{t_j} \tag{2.103}$$

で定義される。これらの量を用いて，次のように多重共線性を判定する。

判定方式

t_j : 小さい (VIF_j: 大きい)　$\Longrightarrow$　多重共線性がある

多重共線性への対応策として

① リッジ (ridge) 回帰 ($\widehat{\beta}=(X^TX+kI)^{-1}X^T\boldsymbol{y}(k>0)$) による方法

② 主成分への回帰をする方法

③ 変数のクラスター分析の後，それらのクラスターごとの代表する変数にしぼって回帰する方法

などがある。

2.6　* 説明変数の選択

回帰分析において，あらかじめ含まれる変数が決まっていることはない。結果系を制御する変数は何か，またそれらはいくつかなどを検討することが必要である。そして，説明変数が過不足であることによる回帰係数の推定誤差に与える影響を考えると，以下のようなことがある。

説明変数が足りないと**カタヨリ**が生じ，余分な説明変数があると推定量の**バラツキ**が増える。

[具体例]

① 余分な変数がある場合

(2.104)　$y=\beta_0+\beta_1x_1+\varepsilon$ ： 真のモデル

(2.105)　$y=\beta_0+\beta_1x_1+\beta_2x_2+\varepsilon$ ： 仮定したモデル

の場合，仮定したモデルのもとでの推定量は

(2.106)　$\widetilde{\beta}_1=S^{11}S_{1y}+S^{12}S_{2y}$

より

(2.107)　$E[\widetilde{\beta}_1]=\beta_1$

(2.108)　$Var[\widetilde{\beta}_1]=S^{11}\sigma^2$

ここに，

$$S^{11} = \frac{S_{22}}{S_{11}S_{22} - (S_{12})^2} = \frac{1}{S_{11}\left(1 - r^2\right)}$$

である。また，真のモデルのときの β_1 の推定量

(2.109) $$\widehat{\beta}_1 = \frac{S_{1y}}{S_{11}}$$

の分散は

(2.110) $$Var[\widehat{\beta}_1] = \frac{\sigma^2}{S_{11}}$$

なので，$r = 0$ 以外では大きくなる ($Var[\widetilde{\beta}_1] > Var[\widehat{\beta}_1]$)。

② 変数が足りない場合

逆に，

(2.111) $$y = \beta_0 + \beta_1 x_1 + \beta_2 x_2 + \varepsilon \ : \ \text{真のモデル}$$

(2.112) $$y = \beta_0 + \beta_1 x_1 + \varepsilon \ : \ \text{仮定したモデル}$$

のとき，仮定したモデルでの推定量 $\widehat{\beta}_1$ の期待値は

(2.113) $$\begin{aligned} E[\widehat{\beta}_1] &= E\left[\frac{1}{S_{11}}\sum_{i=1}^{n}(x_{i1} - \overline{x}_1)y_i\right] = \frac{1}{S_{11}}\sum_{i=1}^{n}(x_{i1} - \overline{x}_1)E[y_i] \\ &= \frac{1}{S_{11}}\sum_{i=1}^{n}(x_{i1} - \overline{x}_1)(\beta_0 + \beta_1 x_{i1} + \beta_2 x_{i2}) \\ &= \beta_1 + \frac{S_{12}}{S_{11}}\beta_2 \end{aligned}$$

となり，$S_{12} \neq 0$ のとき**カタヨリ**が生じる。また分散は

(2.114) $$Var[\widehat{\beta}_1] = S^{11}\sigma^2 = \frac{\sigma^2}{S_{11}(1 - r^2)}$$

より，$r \neq 0$ のとき小さくなる。□

変数の増減による回帰係数の推定量の変化について

p 個の説明変数 $x_1, \cdots, x_p$ から 1 つの説明変数 x_p を除去した場合の偏差平方和，残差平方和，偏回帰係数がどのように変化するかの関係式を導こう。

S_{jk} ： もとの p 個の変数での偏差平方和の (j,k) 要素

S^{jk} ： もとの p 個の変数での偏差平方和の逆行列の (j,k) 要素

β_j ： もとの p 個の変数での偏回帰係数

S_e ： もとの p 個の変数での残差平方和

を表すとし，第 p 変数 x_p を除いた変数についての上記の要素を，それぞれ $S_{jk}^*, S_*^{jk}, \beta_j^*, S_e^*$ とする。このとき，次の関係式が成立する。

重要

$$S_{jk} = S_{jk}^*, \qquad S_*^{jk} = S^{jk} - \frac{S^{jp}S^{kp}}{S^{pp}}$$

$$\widehat{\beta}_j^* = \widehat{\beta}_j - \widehat{\beta}_p\frac{S^{jp}}{S^{pp}}, \quad S_e^* = S_e + \frac{\widehat{\beta}_p^2}{S^{pp}} \qquad (j,k = 1,\cdots,p-1)$$

変数選択において，説明変数を2つ以上同時に除去することは寄与率の変化等の考慮をすると，極めて危険なため，1つずつの変化でみるほうが良い。

次に，変数選択の手順と変数の追加・除去の判断基準を分けて考えよう。

2.6.1 変数選択の手順

変数を選択するときの変数を追加したり，除去する手順として，以下のような方法がある。

（1）変数指定法

過去の知識・経験や固有技術から，変数を指定して変数を選択する方法である。

（2）総当たり法

p 個の中から r 個の変数を選ぶ，すべての組合わせについて重回帰式を計算する。その総組数は，${}_pC_1 + \cdots + {}_pC_p = (1+1)^p - {}_pC_0 = 2^p - 1$ である。そのときの基準を決めて，変数が少なくできるだけ基準が満足される変数を選択する方法である。

（3）逐次選択法 (stepwise method)

各段階で逐次変数を選択する方法で，以下のような方法がある。

① 変数増加法 (forward selection method)　各段階で，基準とする量の増加が最大となる変数を1つずつ加えていく方法。

② 変数減少法 (backward elimination method)　まず，p 個の説明変数全部を含めた回帰分析を行い，それから変数を1つずつ除去していく方法。

③ 変数増減法 (stepwise method)　最初，変数なしの状態から出発し，変数を入れたり出したりを，F 値などの基準によって決めていく方法。

④ 変数減増法　最初，全変数を含む状態から出発し，変数を出したり，入れたりを繰返すことで，モデルを設定する方法。

2.6.2 変数選択の判断基準

変数を追加・除去する際の判断基準に，以下のような量が使われている。

① F(エフチ)値

その変数の偏回帰係数の検定統計量

$$F_0 = \frac{\widehat{\beta}_j^{\,2}}{s^{jj}V_e/n} \sim F_{1,n-p-1} \tag{2.115}$$

が小さい時には，変数 x_j を除去する。変数を取り込む F 値である F_{IN} は，大体 2 ぐらいの値が使われている。

② C_p 統計量

以下のマローズ (C.L.Mallows) の C_p 統計量が小さい程，望ましい。これは平均 2 乗誤差の推定量である。

$$C_p = \frac{(\boldsymbol{y}-\widehat{\boldsymbol{y}})^T(\boldsymbol{y}-\widehat{\boldsymbol{y}})}{\widehat{\sigma^2}} + 2p - n \tag{2.116}$$

③ AIC

赤池の情報量基準 (Akaike's Information Criterion) といわれ，モデルとデータの適合度を測る量で以下で定義され，小さい程よい。

$$AIC = -2\log L(\widehat{\boldsymbol{\theta}}) + 2p \tag{2.117}$$

：モデルの適合度+母数増加に対するペナルティ

ただし，$\widehat{\boldsymbol{\theta}}$ は，$\boldsymbol{\theta} = (\theta_1, \cdots, \theta_p)^T$ の最尤推定量(サイユウスイテイリョウ)(Maximum Likelihood Estimator) である。回帰モデルの場合には，母数は $\beta_0, \beta_1, \cdots, \beta_p, \sigma^2$ の $p+2$ 個である。

④ PSS(Prediction Sum of Squares)

予測平方和で，小さい程よい。

3章　主成分分析

3．1　主成分分析とは

多くの特性を持つ多変量のデータを，互いに相関のない少ない個数の特性値にまとめる手法に，**主成分分析法** (Principal Component Analysis:PCA) があり，この手法はピアソン (Pearson,K) により 1901 年頃，考えられた。そして，以下のようなさまざまな適用場面が考えられる。

[適用場面]　野球で，打率, 打点, 安打数, ホームラン数から打者を総合的に評価するには，それらをどのように重み付けて足したらよいだろうか。また，防御率, 投球回数, 失点，コントロール, スピードからピッチャーを総合評価するには，どのようにしたらよいか。経済で，企業の売上げ高, 資本金, 事業損益, 負債, 株価などから，企業を評価する方法はどうしたらよいか。財務指標, 景気変動指標, 物価指標, 金融指標から，経済活動指標はどのように評価したらよいだろうか。都市の豊かさの評価を公園の面積, 病院のベッド数, 図書館数などを，どのように重み付けして総合評価したらよいのか。成績評価の際，英語, 数学, 国語, 社会, 理科の得点を，単に総合点で総合評価する以外に違った評価はないか。身長, 体重, 胸囲, 座高から総合的に評価する特性はないか。総コレステロール, 体重, 身長, アルブミンなどから，健康の総合評価をする方法はないだろうか。デスカロン (10 種競技) の 100m 走,400m 走,1500m 走,110m 障害, 走り幅跳び, 走り高跳び, 棒高跳び, 砲丸投げ, 槍投げ, 円盤投げの成績から，総合評価する方法はないものか。$\cdots$ など，多くの適用場面 (状況) がある。

3．2　主成分の導出基準

ここでは，具体的に総合特性を表す主成分の定式化をしよう。p 個の変量 (変数)$x_1, \cdots, x_p$ から，総合特性を表す重み付きの和である**合成変量**

(3.1)　$$f = w_1x_1 + w_2x_2 + \cdots + w_px_p = \boldsymbol{w}^T\boldsymbol{x} = \boldsymbol{x}^T\boldsymbol{w}$$

(ただし，$\boldsymbol{w} = (w_1, \cdots, w_p)^T$ である。)

を構成したい。そこで，重み $\boldsymbol{w}$ をどのように定めたらよいだろうか。まず，重みに関し，長さに制約などを加えないと，f がいくらでも大きくなるため，長さを1，つまり $\|\boldsymbol{w}\| = 1$ としておこう。

簡単のため，平面 $(p = 2)$ の場合に，合成変量 $f = w_1x_1 + w_2x_2$ を考えてみよう。ただし，$w_1^2 + w_2^2 = 1$ とする。これは

$$x_2 = -\frac{w_1}{w_2}x_1 + \frac{f}{w_2}$$

と式変形でき，傾き $-\dfrac{w_1}{w_2}$, x_2 切片が $\dfrac{f}{w_2}$ の直線である。

各 $i(= 1, \cdots, n)$ 番目のデータ $\boldsymbol{x}_i = (x_{i1}, x_{i2})^T \in \boldsymbol{R}^2$ に対して，その合成変量 $f_i = w_1x_{i1} + w_2x_{i2}$ は図 3.1 のように，データのベクトル $\boldsymbol{x}_i$ を重みベクトル $\boldsymbol{w}$ へ正射影した点と，原点との距離が合成変量の大きさになっている。$f_i = \boldsymbol{w}^T\boldsymbol{x}_i = \|\boldsymbol{x}\| \cdot \cos\theta$ の内積の定義を思い出そう。

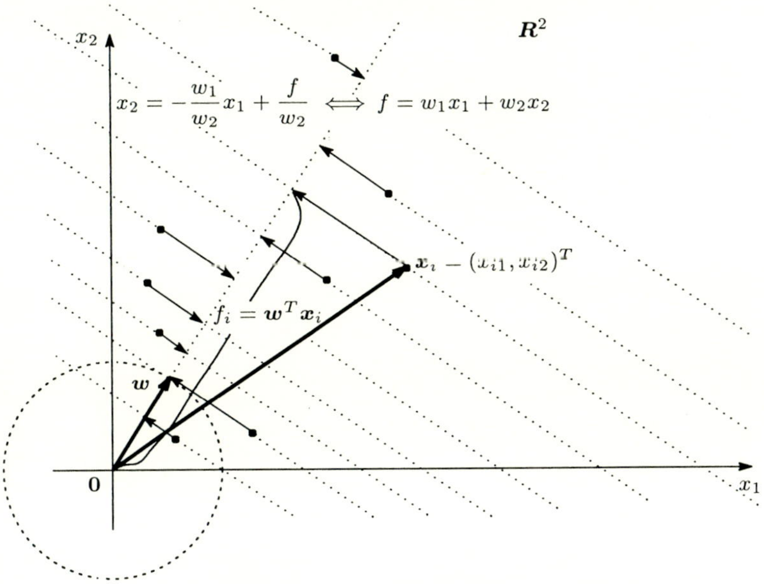

図 3.1　各データの合成変量

もし，データが1つの直線の上にのっていれば，その直線方向を重みベクトルとすれば，1次元でそのまま総合評価できる。しかし，実際のデータはばらついていて，そのバラツキをうまく取り込む重み (直線) を決めてやればよさそうである。次に，原点を中心にばらついていると考えるよりは，データの中心 (重心のようなもの) があって，その周りにばらついていると考えるのが自然である。そしてその中心が普通，平均にとられ，その周りにデータである点がばらついていると考え，そのバラツキをできるだけよく評価する重み (直線) を決めようとするのである。図3.2を参照されたい。

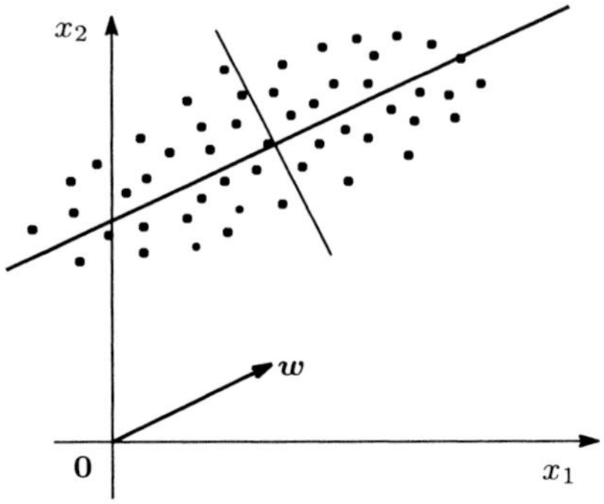

図 3.2 データの散らばり

実際，重み $w_i (i = 1, \cdots, p)$ を決めるために，大きく2つの基準が考えられている。それらを，以下のように2つの方式 (方法) として分けよう。

方式 1 合成変量 f の分散を最大化する。つまり，全体のバラツキをできるだけ f のバラツキで説明するように $\boldsymbol{w}$ を決める。

方式 2 合成変量 f と元の変量との (重) 相関係数の2乗和を最大化する。つまり，より元の変量を説明する合成変量になるように $\boldsymbol{w}$ を決める。

3.2.1 分散最大化の考え方

ここでは，方式 1 の分散最大化について考えてみよう。ここで, 集合

$$\{\boldsymbol{x} = (x_1, \cdots, x_p)^T \in \boldsymbol{R}^p; f = w_1 x_1 + \cdots + w_p x_p \Leftrightarrow \boldsymbol{w}^T \boldsymbol{x} = f\}$$

は, 点 $\boldsymbol{x} = (x_1, \cdots, x_p)^T$ を法線ベクトル $\boldsymbol{w}$ に正射影した長さが，$|f|$ であ

るベクトル $\boldsymbol{x}$ の集まりである。また，法線ベクトル $\boldsymbol{w}$ と直交する平面 $\{\boldsymbol{x}: \boldsymbol{w}^T\boldsymbol{x}=0\}$ を，$\boldsymbol{w}^T\boldsymbol{x}_0=f$ である点 $\boldsymbol{x}_0$ だけ平行移動した平面上の点ともいえる。つまり，集合では $\{\boldsymbol{x}:\boldsymbol{w}^T(\boldsymbol{x}-\boldsymbol{x}_0)=0\}$ と表される。そして，その平面上のベクトルでのバラツキが最大になるように，長さが1の法線ベクトルをどのように決めたらよいか，つまりどの方向にとれば良いかが問題となる。

（1）他の同値な基準

実際，この方式は次の方式 $1', 1''$ と同等であることがわかる。

方式 $1'$　各データから直線 $\ell: \boldsymbol{x}=\overline{\boldsymbol{x}}+t\boldsymbol{w}$ に下ろした垂線の長さの2乗和を最小にする直線 $(\boldsymbol{w})$ を求める。つまり，情報のロスをできるだけ少なくする直線を求める。なお，この直線は平均ベクトル $\overline{\boldsymbol{x}}$ を通り，向きが $\boldsymbol{w}$ によって決まる。

方式 $1''$　合成変量 f を用いて，もとの変量を予測するときの残差平方和の総和を最小化する。

この後の説明でわかるが，

- 方式 $1, 1', 1''$ は分散共分散行列の固有値問題に帰着し，同値である。
- 方式2は相関行列の固有値問題に帰着する。

ことに注意しておこう。

●方式1 ⇄ 方式 $1'$ の説明

以下では，$i(=1,\cdots,n)$ サンプルのデータを $\boldsymbol{x}_i=(x_{i1},\cdots,x_{ip})^T$ と列ベクトルで表記することに注意されたい。

まず，合成変量 f の標本 (算術) 平均は

$$(3.2)\qquad m(f)=\overline{f}=\frac{1}{n}\sum_{i=1}^{n}f_i=\frac{1}{n}\sum_{i=1}^{n}\sum_{j=1}^{p}w_jx_{ij}=\sum_{j=1}^{p}w_j\overline{x}_j=\boldsymbol{w}^T\overline{\boldsymbol{x}}$$

この $m(f)$ の絶対値は，$\overline{\boldsymbol{x}}$ (各変量の平均からなるベクトル) の $\boldsymbol{w}(\boldsymbol{w}^T\boldsymbol{w}=1$ のとき) への正射影した長さである。

次に，合成変量 f の不偏分散は

$$(3.3)\qquad v(f)=\frac{S(f,f)}{n-1}=\frac{1}{n-1}\sum_{i=1}^{n}(f_i-\overline{f})^2=\frac{1}{n-1}\sum_{i=1}^{n}\left\{\sum_{j=1}^{p}w_j(x_{ij}-\overline{x}_j)\right\}^2$$

$$= \frac{1}{n-1}\sum_{i=1}^{n}\left\{\boldsymbol{w}^T(\boldsymbol{x}_i-\overline{\boldsymbol{x}})\right\}^2 = \frac{1}{n-1}\sum_{i=1}^{n}\|\boldsymbol{w}^T(\boldsymbol{x}_i-\overline{\boldsymbol{x}})\|^2$$

である。そこで，$v(f)$ は $\boldsymbol{w}$ に制約を設けなければ，いくらでも大きくできるため，$\|\boldsymbol{w}\|=1$ とする。

ここで，$\left\{\boldsymbol{w}^T(\boldsymbol{x}_i-\overline{\boldsymbol{x}})\right\}^2$ はベクトル $\boldsymbol{w}$ と $\boldsymbol{x}_i-\overline{\boldsymbol{x}}$ の内積の 2 乗で，$\|\boldsymbol{w}\|=1$ のとき，ベクトル $\boldsymbol{x}_i-\overline{\boldsymbol{x}}$ をベクトル $\boldsymbol{w}$ へ正射影したときの長さの 2 乗である。また，図 3.3 のように垂線の足を $\widehat{\boldsymbol{x}}_i$ とすると，

$$(3.4) \quad \widehat{\boldsymbol{x}}_i = \overline{\boldsymbol{x}} + \boldsymbol{w}\boldsymbol{w}^T(\boldsymbol{x}_i-\overline{\boldsymbol{x}})$$

と求まる。

(∵) $\boldsymbol{x}_i - \widehat{\boldsymbol{x}}_i \perp \widehat{\boldsymbol{x}}_i - \overline{\boldsymbol{x}}$(直交) だから，$\widehat{\boldsymbol{x}}_i = \overline{\boldsymbol{x}} + t\boldsymbol{w}$ とおいて，t を求めると，$t = \underbrace{(\boldsymbol{w}^T\boldsymbol{w})}_{=1}{}^{-1}\boldsymbol{w}^T(\boldsymbol{x}_i-\overline{\boldsymbol{x}}) = \boldsymbol{w}^T(\boldsymbol{x}_i-\overline{\boldsymbol{x}})$ である。これを，$\widehat{\boldsymbol{x}}_i = \overline{\boldsymbol{x}} + t\boldsymbol{w}$ に代入して求まる。 ◁

そこで，$\|\widehat{\boldsymbol{x}}_i-\overline{\boldsymbol{x}}\|^2 = \|\boldsymbol{w}\boldsymbol{w}^T(\boldsymbol{x}_i-\overline{\boldsymbol{x}})\|^2 = \|\boldsymbol{w}^T(\boldsymbol{x}_i-\overline{\boldsymbol{x}})\|^2$ である。

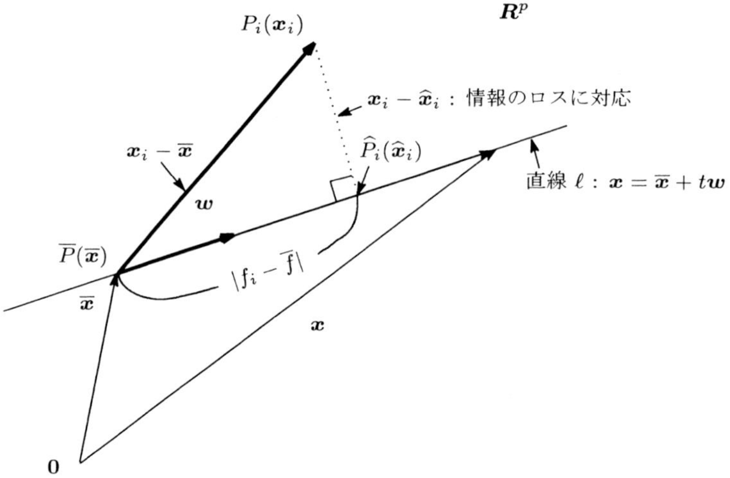

図 3.3 データの直線への正射影

(三平方の定理 (ピタゴラスの定理) $\overline{\overline{P}P_i}^2 = \overline{\overline{P}\widehat{P}_i}^2 + \overline{\widehat{P}_iP_i}^2$)

またデータ $\boldsymbol{x}_i$ について，図 3.3 にみてとれるように直角三角形 $\overline{P}\widehat{P}_iP_i$ について，三平方の定理 (ピタゴラスの定理) から

$$\|\boldsymbol{x}_i - \overline{\boldsymbol{x}}\|^2 = \|\boldsymbol{x}_i - \widehat{\boldsymbol{x}}_i\|^2 + \|\widehat{\boldsymbol{x}}_i - \overline{\boldsymbol{x}}\|^2$$

が成立する。そこで，n 個の点について平均化すれば

$$\text{(3.5)}\qquad \frac{1}{n-1}\sum_{i=1}^{n}\|\boldsymbol{x}_i - \overline{\boldsymbol{x}}\|^2 = \frac{1}{n-1}\sum_{i=1}^{n}\|\boldsymbol{x}_i - \widehat{\boldsymbol{x}}_i\|^2 + \underbrace{\frac{1}{n-1}\sum_{i=1}^{n}\|\widehat{\boldsymbol{x}}_i - \overline{\boldsymbol{x}}\|^2}_{=v(f)(:f\text{ の分散})}$$

$$= \frac{1}{n-1}\sum_{i=1}^{n}\|\boldsymbol{x}_i - \widehat{\boldsymbol{x}}_i\|^2 + v(f)$$

が成立する。式 (3.5) の左辺は $\boldsymbol{w}$ と無関係で一定だから，右辺の第 2 項を最大化することは，右辺の第 1 項を最小化することと同等である。第 1 項はデータと直線へ下ろしたデータ (推定量のようなもの) との違いの全体より，情報のロスに相当し (方式 1′ に対応)，第 2 項は直線に下したデータ (推定量) のバラツキ (f の分散で方式 1 に対応) になっている。

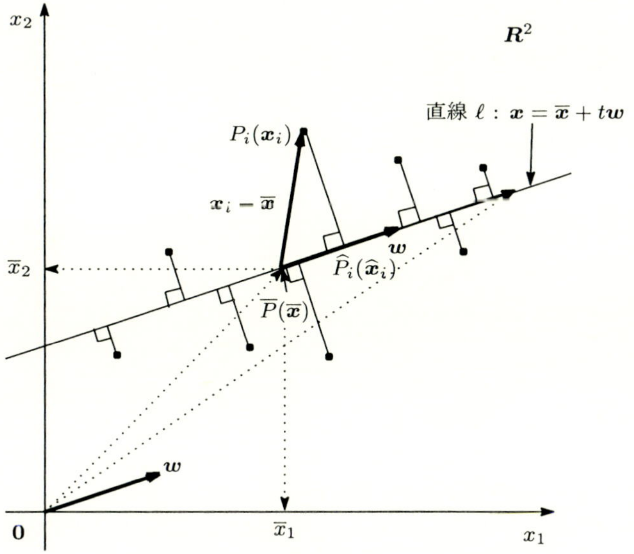

図 3.4　2 次元データのプロット

n 個のデータ全体について，情報のロスは図 3.4 のような点 $\bar{\boldsymbol{x}}$ を通り，ベクトル $\boldsymbol{w}$ に平行な直線 ℓ と各点との距離の 2 乗和の平均に対応する。分散は，直線上へ各点を射影した点のバラツキの平均に対応している。

●方式 1 ⇄ 方式 1″ の説明

次に，方式 1″ の残差平方和を最小化する方式を考えてみよう。簡単のため，$p=2$ の場合に計算してみよう。もとの説明変数 x_1, x_2 を，それぞれ f で回帰するモデルは，$x_{i1}=\beta_{01}+\beta_{11}f_i+\varepsilon_{i1}$，$x_{i2}=\beta_{02}+\beta_{12}f_i+\varepsilon_{i2}$ である。そこで，もとの変量 x_1, x_2 を f で予測するときの残差平方和の総和は

$$\begin{aligned}
&\sum_{i=1}^{n}(x_{i1}-\widehat{x}_{i1})^2+\sum_{i=1}^{n}(x_{i2}-\widehat{x}_{i2})^2\\
&\quad=\sum_{i=1}^{n}(x_{i1}-\widehat{\beta}_{01}-\widehat{\beta}_{11}f_i)^2+\sum_{i=1}^{n}(x_{i2}-\widehat{\beta}_{02}-\widehat{\beta}_{12}f_i)^2\\
&\quad=S_{11}+S_{22}-\underbrace{\frac{S_{1f}^2+S_{2f}^2}{S_{ff}}}_{=Q}\qquad \text{(p.81，(1) 偏回帰係数，参照)}
\end{aligned}$$

と変形されるので，λ を S の固有値とすれば残差の最小化は

$$Q=\frac{S_{1f}^2+S_{2f}^2}{S_{ff}}=\frac{\boldsymbol{w}^T S^2\boldsymbol{w}}{\boldsymbol{w}^T S\boldsymbol{w}}=\frac{\lambda^2\boldsymbol{w}^T\boldsymbol{w}}{\lambda\boldsymbol{w}^T\boldsymbol{w}}=\lambda$$

の最大化と同じになる。そこで，S つまり V の固有値問題となる。

これは，次の節で分散最大化による基準が分散行列の固有値問題となることがわかるので，方式 1 と同値であることとわかる。

（2）回転と分散最大化

ここで，2 次元での 2 変量の重みつき和と軸の回転との対応を考えてみよう。

$$\begin{pmatrix} f_1 \\ f_2 \end{pmatrix}=\begin{pmatrix} w_{11} & w_{12} \\ w_{21} & w_{22} \end{pmatrix}\begin{pmatrix} x_1 \\ x_2 \end{pmatrix}$$

によって合成変量を決める。なお，$w_{j1}^2+w_{j2}^2=1\ (j=1,2)$ だから，座標軸を θ だけ回転したときの座標 $(f_1,f_2)^T$ は

$$\begin{pmatrix} f_1 \\ f_2 \end{pmatrix}=\begin{pmatrix} \cos\theta & -\sin\theta \\ \sin\theta & \cos\theta \end{pmatrix}\begin{pmatrix} x_1 \\ x_2 \end{pmatrix}$$

となる。図 3.5 のような関係である。半径 1 の円周上の点は

$$(1,0)^T \to (\cos\theta, \sin\theta)^T, (0,1)^T \to (-\sin\theta, \cos\theta)^T$$

と移されるので，$\boldsymbol{x} = (x_1, x_2)^T$ を $\overline{\boldsymbol{x}}$ を中心に θ だけ回転した点は $W(\boldsymbol{x} - \overline{\boldsymbol{x}})$ と表される。ここに，

$$W = \begin{pmatrix} \boldsymbol{w}^1 \\ \boldsymbol{w}^2 \end{pmatrix} = \begin{pmatrix} w_{11} & w_{12} \\ w_{21} & w_{22} \end{pmatrix}$$

で，$\|\boldsymbol{w}^1\| = \|\boldsymbol{w}^2\| = 1$ である。

$$\boldsymbol{f} = \begin{pmatrix} \boldsymbol{w}^1 \\ \boldsymbol{w}^2 \end{pmatrix} (\boldsymbol{x} - \overline{\boldsymbol{x}}) + W\overline{\boldsymbol{x}} = W(\boldsymbol{x} - \overline{\boldsymbol{x}}) + \overline{\boldsymbol{f}}$$

だから，$\boldsymbol{f} - \overline{\boldsymbol{f}} = W(\boldsymbol{x} - \overline{\boldsymbol{x}})$ と $\boldsymbol{x} - \overline{\boldsymbol{x}}$ を原点の周りに，どれだけ回転すれば合成変量 f のバラツキを最大にできるかとなる。

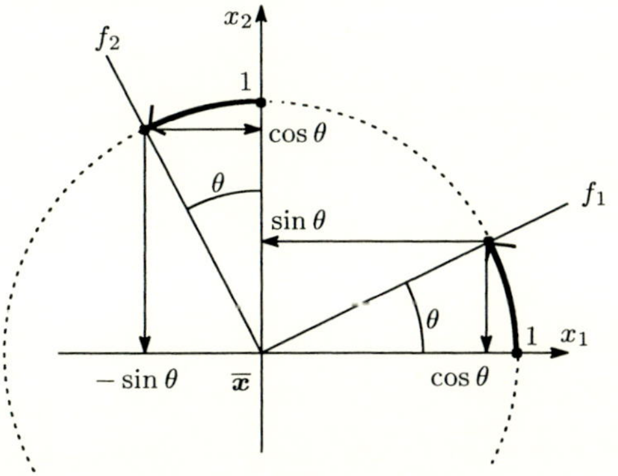

図 3.5　座標軸の回転

なお，直交座標軸を $(x_1, x_2)^T$ から $(f_1, f_2)^T$ に回転したとき，n 個の点の重心からの距離の 2 乗の和は一定である。

3．2．2 回帰分析と主成分分析の相違

主成分分析は，データと直線への垂線の距離の 2 乗和の最小化である。

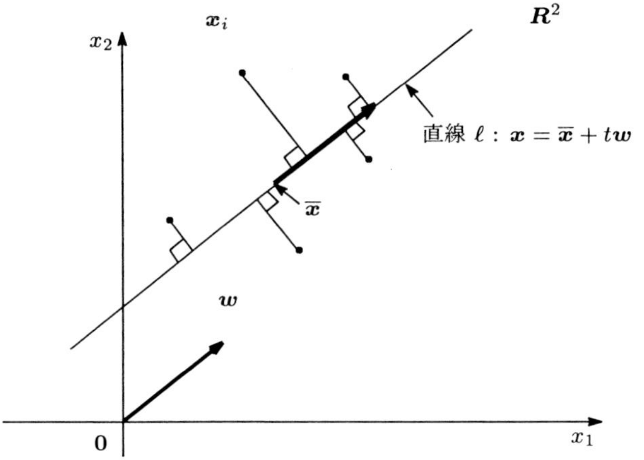

図 3.6 主成分分析の概念図

回帰分析は，データから直線へ x_2 軸に平行に下ろした直線同士の交点とデータとの距離の 2 乗和の最小化である。

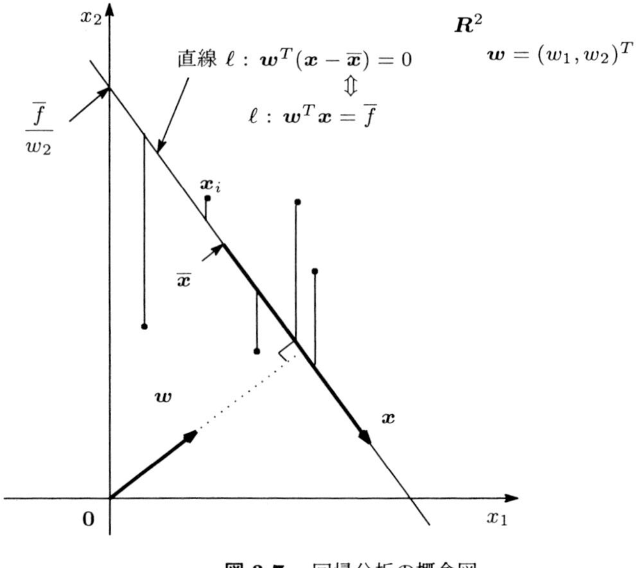

図 3.7 回帰分析の概念図

3.3　主成分の導出と実際計算

ここでは 3.2 節で述べた 2 方式に基づいて，具体的な主成分の導出について考えよう。

3.3.1　主成分の導出

(1) 方式 1：分散最大化

まず，2 次元 ($p=2$) の場合に重み $\boldsymbol{w}$ を求めてみよう。

合成変量 $f = w_1x_1 + w_2x_2$ の (標本) 平均は

$$m(f) = \overline{f} = w_1\overline{x}_1 + w_2\overline{x}_2 = \boldsymbol{w}^T\overline{\boldsymbol{x}} \tag{3.6}$$

であり，f の分散 $v(f)$ は

$$v(f) = \frac{1}{n-1}\sum_{i=1}^{n}(f_i - \overline{f})^2 = w_1^2s_{11} + 2w_1w_2s_{12} + w_2^2s_{22} = \boldsymbol{w}^TV\boldsymbol{w} \tag{3.7}$$

である。そこで，制約条件 $w_1^2 + w_2^2 = 1$ のもとで分散 $v(f)$ を最大化する (w_1, w_2) を求める。そのため，λ を未定乗数とするラグランジェの未定乗数法 (微積分の本参照) より

$$Q(w_1, w_2, \lambda) = v(f) - \lambda(w_1^2 + w_2^2 - 1) \tag{3.8}$$

とおき，

$$\frac{\partial Q}{\partial w_1} = 0,\ \frac{\partial Q}{\partial w_2} = 0,\ \frac{\partial Q}{\partial \lambda} = 0$$

を満足する解 w_1, w_2 の中からみつける。実際には，以下の式を解くことになる。

$$\begin{cases} \dfrac{\partial Q}{\partial w_1} = 2(s_{11} - \lambda)w_1 + 2s_{12}w_2 = 0 \\ \dfrac{\partial Q}{\partial w_2} = 2s_{12}w_1 + 2(s_{22} - \lambda)w_2 = 0 \end{cases} \tag{3.9}$$

これが，自明な解 ($w_1 = w_2 = 0$) 以外の解をもつための必要十分条件は

$$\begin{vmatrix} s_{11} - \lambda & s_{12} \\ s_{12} & s_{22} - \lambda \end{vmatrix} = 0 = \lambda^2 - (s_{11} + s_{22})\lambda + s_{11}s_{22} - s_{12}^2 \tag{3.10}$$

である。これは，2 つの正の実数解をもつ。なぜなら，判別式 $D = (s_{11} + s_{22})^2 - 4(s_{11}s_{22} - s_{12}^2) = (s_{11} - s_{22})^2 + 4s_{12}^2 \geqq 0$ より 2 実根であり，根と係数の関係から 2 根の和, 積ともに正だからである。また，2 根を $\lambda_1, (\geqq)\lambda_2$ とし，対応する固有ベク

トルを $\boldsymbol{w}_1, \boldsymbol{w}_2$ とするとき, $f_1 = \boldsymbol{w}_1^T \boldsymbol{x}$ を**第 1 主成分**, $f_2 = \boldsymbol{w}_2^T \boldsymbol{x}$ を**第 2 主成分**という。また

(3.11) $$v(f_1) = \boldsymbol{w}_1^T V \boldsymbol{w}_1 = \lambda_1 \underbrace{\boldsymbol{w}_1^T \boldsymbol{w}_1}_{=1} = \lambda_1$$

と分散は, 固有値に等しい。更に

(3.12) $$cov(f_1, f_2) = s(f_1, f_2)$$
$$= \frac{\sum_{i=1}^{n} \Big\{ w_{11}(x_{i1} - \overline{x}_1) + w_{12}(x_{i2} - \overline{x}_2) \Big\} \Big\{ w_{21}(x_{i1} - \overline{x}_1) + w_{22}(x_{i2} - \overline{x}_2) \Big\}}{n-1}$$
$$= \lambda_1 (w_{11} w_{21} + w_{12} w_{22})$$

となり, 第 1 主成分と無相関に求めると結局, 第 2 主成分を求めることになる。

次に, 一般の p 変数の場合 について考えよう。

f の平均 $m(f)$ と 分散 $v(f)$ は

(3.13) $$m(f) = \boldsymbol{w}^T \overline{\boldsymbol{x}}, \qquad v(f) = \boldsymbol{w}^T V \boldsymbol{w}$$

である。そして, 分散を制約条件 $w_1^2 + \cdots + w_p^2 = 1 (= \boldsymbol{w}^T \boldsymbol{w})$ のもとで最大化する $\boldsymbol{w}$ を求めるので, ラグランジェ(Lagrange) の未定乗数法により

(3.14) $$Q = \boldsymbol{w}^T V \boldsymbol{w} - \lambda \Big(\boldsymbol{w}^T \boldsymbol{w} - 1 \Big)$$

とおき, $w_j (j = 1, \cdots, p), \lambda$ で偏微分して, 0 とおくことにより

(3.15) $$(V - \lambda I) \boldsymbol{w} = \boldsymbol{0}$$

を満たす零ベクトルでない $\boldsymbol{w}$ を求めることになる。これは, 行列 V の**固有値問題** (eigen value problem) と呼ばれる。$\boldsymbol{w} \neq \boldsymbol{0}$ のとき, $\boldsymbol{w}$ を V の**固有ベクトル** (eigen vector), λ を $\boldsymbol{w}$ に対する V の**固有値** (eigen value) という。これが $\boldsymbol{w} = \boldsymbol{0}$ 以外の解を持つための必要十分条件は

(3.16) $$| V - \lambda I_p | = 0 \quad (\text{行列式} = 0)$$

である。成分でかけば, 以下である。

(3.17) $$\begin{vmatrix} s_{11} - \lambda & s_{12} & \cdots & s_{1p} \\ s_{21} & s_{22} - \lambda & \cdots & s_{2p} \\ \vdots & \vdots & \ddots & \vdots \\ s_{p1} & s_{p2} & \cdots & s_{pp} - \lambda \end{vmatrix} = 0$$

式(3.17)は λ の p 次の代数方程式で，固有値問題の**特性(固有)方程式**(characteristic equation)と呼ばれる。行列 V の固有値は，その方程式の解 $\lambda_1,\cdots,\lambda_p$ として求まる。

V：対称かつ非負値行列 $\Longrightarrow$ V の固有値はすべて非負の実数

$(\because)$ $\boldsymbol{Vw}=\lambda\boldsymbol{w}$ より，両辺の左から $\boldsymbol{w}^T$ をかけて $\boldsymbol{w}^T V\boldsymbol{w}=\lambda\boldsymbol{w}^T\boldsymbol{w}=\lambda$ であり，V が非負値より $\lambda \geqq 0$ である。□

そこで，それらの固有値を $\lambda_1 \geqq \lambda_2 \geqq \cdots \geqq \lambda_p \geqq 0$ とする。また，

(3.18)　$$v(f)=\boldsymbol{w}^T V\boldsymbol{w}=\lambda$$

より，$v(f)$ の最大化に関連して

合成変量 f の**分散** $v(f)$ は，もとの変量の**分散行列** V_x **の固有値**に等しい。

次に，各 λ_j に対応する固有ベクトルを $\boldsymbol{w}_j=(w_{j1},w_{j2},\cdots,w_{jp})^T$ とするとき，

(3.19)　$$f_j=w_{j1}x_1+w_{j2}x_2+\cdots+w_{jp}x_p \quad (j=1,\cdots,p)$$

とし，$f_1,f_2,\cdots,f_p$ を順次，**第1主成分**(1st principal component), **第2主成分**(2nd principal component),$\cdots$, **第 p 主成分**(p-th principal component)という。

(注 3-1)　前述と同じ記法で，f_j により第 j 主成分を表すが，第 i サンプルの主成分 f の値と混同しないようにしていただきたい。◁

そして，主成分は以下のように逐次，求める。

手順1　第1主成分 f_1 の分散を最大化

手順2　第 j 主成分 f_j は，$f_1,\cdots,f_{j-1}$ と無相関のもとで，その分散が最大となるようにする $(j=2,\cdots,p)$。

上記の手順を繰返して，各主成分を求める。

また，次のことが成立する。

固有値の和は，もとの変量 $x_1,\cdots,x_p$ の分散の和に等しい。

$(\because)$ 特性方程式が

$$(-1)^p\lambda^p+(-1)^{p-1}\lambda^{p-1}(s_{11}+s_{22}+\cdots+s_{pp})+(\lambda の\ p-2\ 次以下の項)$$
$$=0=(\lambda_1-\lambda)(\lambda_2-\lambda)\cdots(\lambda_p-\lambda)$$

より，λ^{p-1} の係数を比較して $\lambda_1+\cdots+\lambda_p=s_{11}+\cdots+s_{pp}=\mathrm{tr}(V)$ である。ここに，行列 V の対角成分の和 (trace) を $\mathrm{tr}(V)$ で表す。□

異なる主成分は，互いに無相関である。

(∵) $j\neq k$ に対し，

$$cov(f_j,f_k)=s(f_j,f_k)=\frac{S(f_j,f_k)}{n-1}=\boldsymbol{w}_j^T V\boldsymbol{w}_k=\lambda_k\underbrace{\boldsymbol{w}_j^T\boldsymbol{w}_k}_{=0}=0 \quad \square$$

ここで，$\dfrac{\lambda_j}{\mathrm{tr}(V)}$ を**第 j 成分の寄与率** (contribution rate) といい，第 j 主成分までの寄与率の総和である

$$\frac{\lambda_1+\cdots+\lambda_j}{\mathrm{tr}(V)}$$

を**第 j 主成分までの累積寄与率** (accumulated proportion) という。また，各 j 番の固有ベクトルを用い，個体 i の主成分の値

$$f_{ij}=w_{j1}(x_{i1}-\overline{x}_1)+\cdots+w_{jp}(x_{ip}-\overline{x}_p)=\sum_{k=1}^{p}w_{jk}\Big(x_{ik}-\overline{x}_k\Big) \tag{3.20}$$

(これは，平均ベクトル $\overline{\boldsymbol{x}}=(\overline{x}_1,\cdots,\overline{x}_p)^T$ と各サンプル $\boldsymbol{x}_i$ を結ぶベクトルを，重みベクトル $\boldsymbol{w}$ への正射影した長さが f_{ij} となることを示している。) を第 i サンプルの第 j 主成分の，**主成分得点** (principal component score) と呼ぶ。また，i 番目の点 P_i から重心までの距離の 2 乗は

$$(x_{i1}-\overline{x}_1)^2+\cdots+(x_{ip}-\overline{x}_p)^2=(f_{i1}-\overline{f}_1)^2+\cdots+(f_{ip}-\overline{f}_p)^2$$

より，$s_{11}+\cdots+s_{pp}=\lambda_1+\cdots+\lambda_p$ である。

主成分 f_j と，もとの変数 x_k との相関係数を，**主成分負荷量**または**因子負荷量** (factor loading) といい，$r(f_j,x_k)$ で表すと，以下のように表せる。

公式

$$r(f_j,x_k)=corr(f_j,x_k)=\frac{s(f_j,x_k)}{\sqrt{s(f_j,f_j)s(x_k,x_k)}}=\frac{\sum_{\ell=1}^{p}w_{j\ell}s_{\ell k}}{\sqrt{\lambda_j s_{kk}}} \tag{3.21}$$

$$=\frac{\lambda_j w_{jk}}{\sqrt{\lambda_j s_{kk}}}=\sqrt{\frac{\lambda_j}{s_{kk}}}w_{jk}$$

$$\rightleftarrows \quad \text{主成分負荷量} = \frac{\sqrt{\text{固有値}} \times \text{固有ベクトル}}{\sqrt{\text{説明変数の分散}}} \quad (\textbf{分散}\text{行列の場合}),$$

$$\text{主成分負荷量} = \sqrt{\text{固有値}} \times \text{固有ベクトル} \quad (\textbf{相関}\text{行列の場合})$$

（2）方式 2：相関係数の 2 乗和の最大化

合成変量 f と，もとの変量 x_j との相関係数の 2 乗のすべての変量についての和を大きくするように重みを決めれば，合成変量がよりもとの変量を説明したことになると考えられる。そこで

$$\text{(3.22)} \qquad Q = \sum_{j=1}^{p} \Bigl\{ r(f, x_j) \Bigr\}^2 \quad \nearrow (\text{最大化})$$

を最大化するように $\boldsymbol{w}$ を決めよう。相関係数は各変量から定数を引いても，スカラー倍しても変わらないから，もとの変量 x_j を以下のように平均を引き，標準偏差で割って標準化した量 z_j を用いる。

$$\text{(3.23)} \qquad z_{ij} = \frac{x_{ij} - \overline{x}_j}{s_j} = \frac{x_{ij} - \overline{x}_j}{\sqrt{s_{jj}}}$$

各変量を測る尺度が異なる場合，例えば体重 (kg)，身長 (cm)，体脂肪率 (%) などを同時に扱う場合には，各変量を標準化しておくことが必要になる。このような場合は，相関行列に関して主成分分析を行う。そこで，標準化した量の合成変量 $w_1 z_1 + \cdots + w_p z_p$ と，変量 z_j との相関係数の 2 乗和の最大化を考える。それは，

$$\text{(3.24)} \qquad Q = \sum_{j=1}^{p} \Bigl\{ r(w_1 z_1 + \cdots + w_p z_p, z_j) \Bigr\}^2 = \frac{\boldsymbol{w}^T R^T R \boldsymbol{w}}{\boldsymbol{w}^T R \boldsymbol{w}} = \frac{\boldsymbol{w}^T R^2 \boldsymbol{w}}{\boldsymbol{w}^T R \boldsymbol{w}}$$

であり，分母は合成変量 f の分散である。そこで，制約条件 $\boldsymbol{w}^T R \boldsymbol{w}$ を一定 (= 1) のもとで，分子を最大化する。したがって，ラグランジェ(Lagrange) の未定乗数法で，λ を未定乗数として

$$\text{(3.25)} \qquad Q(\boldsymbol{w}, \lambda) = \boldsymbol{w}^T R^2 \boldsymbol{w} - \lambda \Bigl(\boldsymbol{w}^T R \boldsymbol{w} - 1 \Bigr)$$

とおき，w_ℓ, λ で偏微分して零とおくことから $Q = \lambda$ が導かれ，最大化する量と R の固有値が一致する。そこで，Q を最大にするには R の最大固有値 λ_1 と，それに対応する固有ベクトル $\boldsymbol{w}$ を重みとした合成変量 $\boldsymbol{f} = \boldsymbol{w}^T \boldsymbol{z}$ を

構成すればよい。第1主成分だけで情報が不十分な場合には，更に第2主成分を第1主成分と無相関のもと Q を最大化する。更には第3主成分を第1主成分，第2主成分と無相関のもと Q を最大化して第3主成分を求める。以下同様にする。結局，固有値の大きい順に2番目，3番目ととれば良い。方式1は分散行列に関するものなので，相関行列の場合と値が異なることに注意。

分散行列の固有値問題：方式1 $\Longleftrightarrow$ 方式 $1', 1''$
相関行列の固有値問題：方式2

(補 3-1) $\boldsymbol{x}$ が正規分布に従うことを仮定するとき

固有値・固有ベクトルの分布

$(\boldsymbol{x}^i)^T = (x_{i1}, \cdots, x_{ip})^T$ が平均ベクトル $\boldsymbol{\mu}$, 分散行列 Σ の p 変量正規分布に従うとき，これを $(\boldsymbol{x}^i)^T \sim N_p(\boldsymbol{\mu}, \Sigma)$ と表す。なお，p 変量正規分布の密度関数は

$$f(x_1, \cdots, x_p) = (2\pi)^{-\frac{p}{2}} \mid \Sigma \mid^{-\frac{1}{2}} \exp\left\{-\frac{1}{2}\sum_{i=1}^{p}\sum_{j=1}^{p}(x_i - \mu_i)\sigma^{ij}(x_j - \mu_j)\right\}$$

である。ベクトル表現をすると

$$f(\boldsymbol{x}) = (2\pi)^{-\frac{p}{2}}|\Sigma|^{-\frac{1}{2}} \exp\left(-\frac{1}{2}\boldsymbol{x}^T\Sigma^{-1}\boldsymbol{x}\right)$$

である。λ_k，$\boldsymbol{w}_k$ を Σ の固有値, 固有ベクトルとし，Σ の推定量である $S/(n-1)$ の固有値, 固有ベクトルをそれぞれ，$\widehat{\lambda}_k$，$\widehat{\boldsymbol{w}}_k$ とする。このとき n が十分大のとき，漸近的に (近似の意味で) 以下のことが成り立つ。

固有値に関して

① Σ の固有値がすべて単根であるとき，$\widehat{\lambda}_k$ は，$\widehat{\boldsymbol{w}}_k$ の各要素 $\{\widehat{w}_{ik}\}$ $(i = 1, \cdots, p)$ と独立に分布する。

② $\sqrt{n-1}(\widehat{\lambda}_k - \lambda_k)$ は $N\big(0, 2\lambda_k^2\big)$ に従い，$\sqrt{n-1}(\widehat{\lambda}_j - \lambda_j)$ と独立に分布する。これから n が十分大のとき，λ_k の信頼区間が構成できる。

固有ベクトルに関して

③ $$\sqrt{n-1}(\widehat{\boldsymbol{w}}_k - \boldsymbol{w}_k) \quad \sim \quad N_p\left(\boldsymbol{0}, \lambda_k \sum_{j=1, j\neq k}^{p} \frac{\lambda_j}{(\lambda_j - \lambda_k)^2}\boldsymbol{w}_j\boldsymbol{w}_j^T\right)$$

④ 漸近共分散 (Asymtotic Covariance) が次のようになる。

$$ACov[\widehat{\boldsymbol{w}}_j, \widehat{\boldsymbol{w}}_k] = -\frac{\lambda_j\lambda_k}{(n-1)(\lambda_j - \lambda_k)^2} \qquad (j \neq k)$$

⑤ 帰無仮説 $\mathrm{H}_0: \lambda_{q+1} = \cdots = \lambda_{q+r}\ (q+r \leqq p)$ の検定には

$$\chi_0^2 = -n\sum_{j=q+1}^{q+r} \ln \widehat{\lambda}_j + nr \ln \frac{\sum_{j=q+1}^{q+r} \widehat{\lambda}_j}{r} \to \chi_\phi^2 \quad \left(\phi = \frac{(r-1)(r+2)}{2} - 1\right)$$

⑥ 帰無仮説 $\mathrm{H}_0: \boldsymbol{w}_k = \boldsymbol{w}_k^\circ$ の検定 (重みに関する検定) は

$$\chi_0^2 = n\left(\widehat{\lambda}_k \boldsymbol{w}_k^{\circ T} V^{-1} \boldsymbol{w}_k^\circ + \frac{1}{\widehat{\lambda}_k} \boldsymbol{w}_k^{\circ T} V \boldsymbol{w}_k^\circ - 2\right)$$

が H_0 のもとで，漸近的に自由度 $p-1$ の χ^2 分布に従う。◁

（3）取り上げる主成分の個数

以下のような基準がある。

① 累積寄与率が，例えば 80%以上。

② 各主成分の寄与率が，もとの変量の 1 個分以上である。

つまり，$\lambda \geqq \dfrac{\sum_{j=1}^p S_{jj}}{p}$　(相関行列を用いた主成分分析の場合)

③ 固有値に関して検定する ($\boldsymbol{x}$ が正規分布に従うことを仮定する)

帰無仮説 $\mathrm{H}_0: \lambda_{m+1} = \cdots = \lambda_p = 0$ に関して検定を行う。いま，$\widehat{\lambda}_j$ を $\dfrac{S}{n-1}$ の第 j 番目に大きい固有値とするとき，検定統計量について

$$\chi_0^2 = -n\sum_{j=m+1}^{p} \ln \widehat{\lambda}_j + n(p-m) \ln \frac{\sum_{j=m+1}^p \widehat{\lambda}_j}{p-m} \quad \to \quad \chi_\phi^2$$

(仮説 H_0 のもと，漸近的に自由度 $\phi = (p-m-1)(p-m+2)$ の χ^2 分布に従う) ので

検定方式

有意水準 α のとき，$\chi_0^2 \geqq \chi^2(\phi, \alpha) \Longrightarrow$　H_0 を棄却

(補 3-2)　主成分分析は，多くの変量を総合して少数個の主成分で表そうとするので，統合化の考えに基づいている。逆に，それらの変量がそれらの主成分で説明されるモデル

$$x_j = a_{j1}f_1 + \cdots + a_{jm}f_m + \varepsilon_j$$

を考えれば，これは因子分析の多くの変動を少数個の共通因子で説明しようという考えに通じる。◁

3．3．2　実際の解析例

（1）分散行列による主成分分析の例

例 3-1(分散行列を用いた主成分分析)　メーカー 8 社のテレビについて，画質，操作性についてテストした結果，以下の表 3.1 のデータが得られた。ただし，評点として良いが 3 点，普通が 2 点，劣っているが 1 点の 3 点評価を行ない，いくつかの項目の平均をとったものである。このとき，主成分分析により総合特性を求めよ。

表 3.1　テレビのテスト評価

項目 / メーカー	画質点	操作性
1	2.56	1.71
2	1.89	2.14
3	2.33	2.29
4	2.22	1.86
5	2.22	1.71
6	2.56	1.65
7	1.56	2.00
8	1.44	2.00

[解]　**手順 1**　分散行列 $V = (s_{jk})$ を求める。

S_{11}, S_{12}, S_{22} の値を求めるため，以下のような表 3.2 の補助表を作成する。そこで

$$\bar{x}_1 = \frac{16.78}{8} = 2.0975, \quad \bar{x}_2 = \frac{15.36}{8} = 1.92$$

$$s_{11} = \frac{1}{7}(36.4722 - \frac{16.78^2}{8}) = 0.1823,\ s_{22} = 0.0518,\ s_{12} = -0.044$$

である。

表 3.2　補助表

No.	x_1	x_2	x_1^2	x_2^2	x_1x_2
1	2.56	1.71	6.5536	2.9241	4.3776
2	1.89	2.14	3.5721	4.5796	4.0446
3	2.33	2.29	5.4289	5.2441	5.3357
4	2.22	1.86	4.9284	3.4596	4.1292
5	2.22	1.71	4.9284	2.9241	3.7962
6	2.56	1.65	6.5536	2.7225	4.224
7	1.56	2.00	2.4336	4.00	3.12
8	1.44	2.00	2.0736	4.00	2.88
計	16.78	15.36	36.4722	29.854	31.9073

手順 2　主成分を求める (V の固有値・固有ベクトル，寄与率を求める)。主成分の数を，適当なところまで求める。更に，主成分負荷量を求め，主成分の解釈をする。

$$V = \begin{pmatrix} 0.1823 & -0.0443 \\ -0.0443 & 0.0518 \end{pmatrix}$$

の固有値と固有ベクトルを求める。

$$|V - \lambda I| = \begin{vmatrix} 0.1823 - \lambda & -0.0443 \\ -0.0443 & 0.0518 - \lambda \end{vmatrix} = \lambda^2 - 0.2341\lambda + 0.00748 = 0$$

より 固有値は，$\lambda_1 = 0.1959$,　$\lambda_2 = 0.0382$ である。

$\lambda_1 = 0.1959$ に対する固有ベクトルは

$$V\boldsymbol{w} = \lambda_1 \boldsymbol{w} \text{ かつ } \|\boldsymbol{w}\| = 1$$

つまり，$0.1823w_1 - 0.0443w_2 = 0.1959w_1$ かつ $w_1^2 + w_2^2 = 1$

より，$\boldsymbol{w} = (0.9558, -0.294)^T$ と求まる。そこで，第 1 主成分は

$$f_1 = 0.9558x_1 - 0.294x_2$$

である。同様に，$\lambda_2 = 0.0382$ に対する固有ベクトルは

$$V\boldsymbol{w} = \lambda_2 \boldsymbol{w} \text{ かつ } \|\boldsymbol{w}\| = 1$$

より，$\boldsymbol{w} = (0.294, 0.9558)^T$ と求まるので，第 2 主成分は

$$f_2 = 0.294x_1 + 0.9558x_2$$

である。また，

$$\text{第 1 主成分の寄与率} = \frac{\lambda_1}{\lambda_1 + \lambda_2} \times 100 = \frac{\lambda_1}{\mathrm{tr}(V)} \times 100 = 83.7\%,$$

$$\text{第 2 主成分の寄与率} = \frac{\lambda_2}{\mathrm{tr}(V)} \times 100 = 16.3\%$$

である。次に，f_1 と x_1 の主成分 (因子) 負荷量 (相関係数) は

$$r(f_1, x_1) = \frac{\sqrt{\lambda_1}}{\sqrt{s_{11}}} w_{11} = \frac{\sqrt{0.1959}}{\sqrt{0.1823}} \times 0.9558 = 0.991,$$

f_1 と x_2 の主成分負荷量は

$$r(f_1, x_2) = \frac{\sqrt{\lambda_1}}{\sqrt{s_{22}}} w_{12} = -0.572$$

である。同様に，f_2 と x_1 の主成分負荷量は

$$r(f_2, x_1) = \frac{\sqrt{\lambda_2}}{\sqrt{s_{11}}} w_{21} = 0.135,$$

f_2 と x_2 の主成分負荷量は

$$r(f_2, x_2) = \frac{\sqrt{\lambda_2}}{\sqrt{s_{22}}} w_{22} = 0.821$$

である。そこで，第1主成分は画質に重点をおいた評価で，カラーテレビの機能面に関するものである。また，第2主成分は操作性と関連が高く，扱いやすさの面からの評価となっている。なお，$\boldsymbol{w}_1^T \boldsymbol{w}_2 = 0$ であり，固有ベクトルが直交していることが確認される。

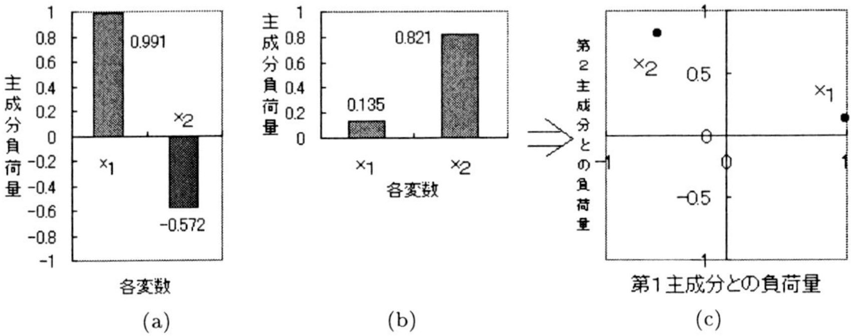

図 3.8 各変数と主成分負荷量

(a) 第 1 主成分と各変数との主成分負荷量
(b) 第 2 主成分と各変数との主成分負荷量
(c) 変数と主成分との主成分負荷量

手順 3 主成分得点を求める。

第1主成分に関して，各 i サンプルの主成分得点は，$(x_{i1}, x_{i2})^T$ を

$$\begin{aligned} f_{i1} &= w_{11}(x_{i1} - \overline{x}_1) + w_{12}(x_{i2} - \overline{x}_2) \\ &= 0.9558(x_{i1} - 2.0975) - 0.2940(x_{i2} - 1.92) \end{aligned}$$

に代入して求める。また第2主成分に関しても同様に，各 i サンプルの主成分得点は

$$\begin{aligned} f_{i2} &= w_{21}(x_{i1} - \overline{x}_1) + w_{22}(x_{i2} - \overline{x}_1) \\ &= 0.2940(x_{i1} - 2.0975) + 0.9558(x_{i2} - 1.92) \end{aligned}$$

に代入することで，以下の表 3.3 のように求まる。

表 3.3　主成分得点

項目 / No.	x_1	x_2	第 1 主成分得点	第 2 主成分得点
1	2.56	1.71	0.504	−0.065
2	1.89	2.14	−0.263	0.149
3	2.33	2.29	0.113	0.422
4	2.22	1.86	0.135	−0.021
5	2.22	1.71	0.179	−0.165
6	2.56	1.65	0.521	−0.122
7	1.56	2.00	−0.537	−0.082
8	1.44	2.00	−0.652	−0.117

手順 4　主成分得点のグラフ表示 (点のプロット) を行う。手順 3 で求めた各主成分得点 (f_{i1}, f_{i2}) をプロットすると，以下の図 3.9 のようになる。

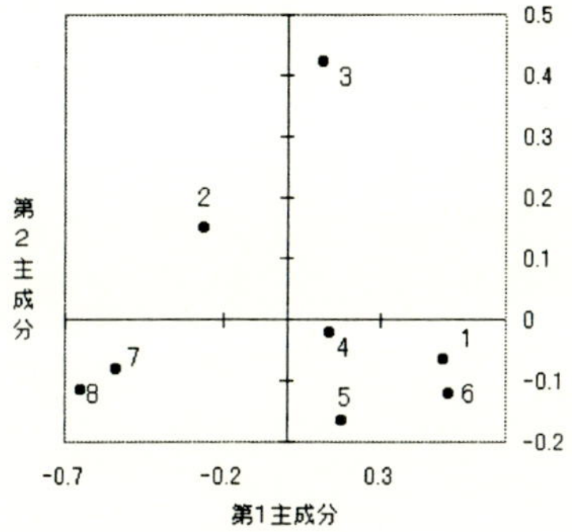

図 3.9　主成分得点に関する散布図

手順 5　主成分得点から，個々のサンプルの解釈をする。

第 1 主成分の画質に重点をおいた評価では No.1,6 が良く，第 2 主成分での操作性では No.3 が良い。しかし，第 1 主成分での寄与率が 83.7%と高く，第 1 主成分での評価で順序づければ良いだろう。□

演 3-1　以下の 2 科目の数学，物理の成績に関して，総合得点を主成分分析により考察せよ。

表 3.4　数学・物理の成績表

番号 / 科目	1	2	3	4	5	6	7
数学	43	58	62	85	34	65	82
物理	36	60	71	81	32	72	94

演 3-2 以下に示す表 3.5 の主要国の食料自給率に関するデータについて，主成分分析により解析せよ (農林水産省調査課「食料自給表」1988 年より (単位：%))。

表 3.5 主要国の食料自給率

国＼品目	穀物	豆類	肉類
日本	30	5	57
オーストラリア	297	176	176
カナダ	147	175	115
デンマーク	136	151	295
フランス	222	136	101
ドイツ	106	27	89
イタリア	80	57	73
オランダ	28	15	236
スペイン	113	77	98
スウェーデン	103	84	102
イギリス	105	106	81
アメリカ	109	123	97

演 3-3 以下に示す表 3.6 の各項目に関する車評価データについて，主成分分析せよ。

表 3.6 車の評価 (5 段階)

車＼評価項目	動力性能	スペース	安全性能	インテリアセンス	燃費
A	3	3	4	2	3
B	3	3	4	2	3
C	3	4	4	3	3
D	3	3	4	3	4
E	3	2	4	5	4
F	4	4	4	3	2
G	4	2	3	4	4

（2）相関行列による主成分分析の例

得られるデータが身長 (cm)，体重 (kg)，50 メートル走のタイム (秒) といったように単位が異なることも多く，それらを同時に比較検討するには，標準化をする必要がある。そのために，データのバラツキを相関行列に基づいて解析する。以下では，主成分分析を相関行列に適用する場合を考えよう。

例 3-2(相関行列を用いた主成分分析) 以下の表 3.7 の日本の 13 大都市での実収入 (勤労者世帯 1 世帯当たり 1 カ月間，単位：万円))，住居費割合 (単位：%)，一般病院数 (人口 10 万人当たり) に関するデータについて，主成分分析してみよ。(大都市統計協議会「大都市比較統計年表」1995 年より。)

表 3.7　都市の比較データ

都市＼項目	実収入 (万円)	住居費割合 (%)	一般病院数
札幌	50.1	7.4	11.6
仙台	50.9	8.3	5.8
千葉	54.8	4.3	4.9
東京区部	60.1	10	6
川崎	56.4	9.6	3.3
横浜	63.4	9	3.9
名古屋	55.8	6.6	7.6
京都	54.7	4.3	8.5
大阪	47.3	7.9	8.3
神戸	61.8	12.3	7
広島	56.1	7.4	7.5
北九州	53.6	5.2	7.6
福岡	52	8.1	8.9

[解]　**手順 1**　相関行列 $R=(r_{jk})$ を求める。

表 3.8　補助表

No.	x_1	x_2	x_3	x_1^2	x_2^2	x_3^2	x_1x_2	x_1x_3	x_2x_3
1	50.1	7.4	11.6	2510.01	54.76	134.56	370.74	581.16	85.84
2	50.9	8.3	5.8	2590.81	68.89	33.64	422.47	295.22	48.14
3	54.8	4.3	4.9	3003.04	18.49	24.01	235.64	268.52	21.07
4	60.1	10	6	3612.01	100	36	601	360.6	60
5	56.4	9.6	3.3	3180.96	92.16	10.89	541.44	186.12	31.68
6	63.4	9	3.9	4019.56	81	15.21	570.6	247.26	35.1
7	55.8	6.6	7.6	3113.64	43.56	57.76	368.28	424.08	50.16
8	54.7	4.3	8.5	2992.09	18.49	72.25	235.21	464.95	36.55
9	47.3	7.9	8.3	2237.29	62.41	68.89	373.67	392.59	65.57
10	61.8	12.3	7	3819.24	151.29	49	760.14	432.6	86.1
11	56.1	7.4	7.5	3147.21	54.76	56.25	415.14	420.75	55.5
12	53.6	5.2	7.6	2872.96	27.04	57.76	278.72	407.36	39.52
13	52	8.1	8.9	2704	65.61	79.21	421.2	462.8	72.09
計	717	100.4	90.9	39802.82	838.46	695.43	5594.25	4944.01	687.32

そのため，補助表を作成する。まず，S_{11}，S_{22}，S_{33}, S_{12}，S_{13}，S_{23} の値を求めるため，表 3.8 の補助表を作成する。そこで，$\overline{x}_1=717/13=55.15, \overline{x}_2=7.72, \overline{x}_3=6.99$, $S_{11}=39802.82-717^2/13=257.51, S_{22}=63.06, S_{33}=59.83, S_{12}=56.80,\quad S_{13}=-69.47, S_{23}=-14.71$ だから，相関行列の成分は

$$r_{12}=\frac{S_{12}}{\sqrt{S_{11}S_{22}}}=\frac{56.80}{\sqrt{257.51\times 63.06}}=0.446,\ r_{13}=-0.560,\ r_{23}=-0.239$$

と計算される。

手順2　主成分を求める (R の固有値・固有ベクトル，寄与率を求める)。主成分の数を，適当なところまで求める。更に，主成分負荷量を求め，主成分の解釈をする。

$$R = \begin{pmatrix} 1 & 0.446 & -0.560 \\ & 1 & -0.239 \\ sym. & & 1 \end{pmatrix}$$ の固有値と固有ベクトルを求める。

$$|R - \lambda I| = \begin{vmatrix} 1-\lambda & 0.446 & -0.560 \\ 0.446 & 1-\lambda & -0.239 \\ -0.560 & -0.239 & 1-\lambda \end{vmatrix} = 0$$

より，固有値は大きい順に $\lambda_1 = 1.843, \lambda_2 = 0.768, \lambda_3 = 0.389$ と求まる。

$\lambda_1 = 1.843$ に対する固有ベクトルは，$R\boldsymbol{w} = \lambda_1 \boldsymbol{w}$ かつ $\|\boldsymbol{w}\| = 1$ より，$\boldsymbol{w} = (0.647, 0.504, -0.572)^T$ と求まる。そこで，第1主成分は $f_1 = 0.647x_1 + 0.504x_2 - 0.572x_3$ である。

同様に $\lambda_2 = 0.768$ に対する固有ベクトルは，$R\boldsymbol{w} = \lambda_2 \boldsymbol{w}$ かつ $\|\boldsymbol{w}\| = 1$ より，$\boldsymbol{w} = (-0.094, 0.797, 0.596)^T$ と求まるので，第2主成分は $f_2 = -0.094x_1 + 0.797x_2 + 0.596x_3$ である。

更に，$\lambda_3 = 0.389$ に対する固有ベクトルは，$R\boldsymbol{w} = \lambda_3 \boldsymbol{w}$ かつ $\|\boldsymbol{w}\| = 1$ より，$\boldsymbol{w} = (0.757, -0.331, 0.563)^T$ と求まるので，第3主成分は $f_3 = 0.757x_1 - 0.331x_2 + 0.563x_3$ である。また，

$$\text{第1主成分の寄与率} = \frac{\lambda_1}{\mathrm{tr}(R)} \times 100 = 61.4\%,$$

$$\text{第2主成分の寄与率} = \frac{\lambda_2}{\mathrm{tr}(R)} \times 100 = 25.6\%$$

より，第2主成分までの累積寄与率は87%であるので，第2主成分までとりあげることにする。次に，第1主成分 f_1 と各 x_1, x_2, x_3 との主成分 (因子) 負荷量は

$$r(f_1, x_1) = r(f_1, z_1) = \sqrt{\lambda_1} w_{11} = 0.878,\ r(f_1, x_2) = 0.685,$$

$$r(f_1, x_3) = -0.777$$

である。そこで，いずれの変量とも第1主成分は相関の高い変量であり，実収入さらに住居費に相関の高い変量で，生活のしやすさに重点が置かれた評価である。グラフからも，その面がうかがえる。そして，病院数については逆に負の相関が高い。

次に，第 2 主成分 f_2 と各 x_1, x_2, x_3 の主成分負荷量は

$$r(f_2, x_1) = -0.083,\ r(f_2, x_2) = 0.699,\ r(f_2, x_3) = 0.522$$

である。そこで，第 2 主成分は実収入とは相関はあまりなく，住居費, 病院数と相関が高く，安心面，安全な意味での住みよさの評価を表している。

なお，$\boldsymbol{w}_1^T\boldsymbol{w}_2 = 0$, $\boldsymbol{w}_1^T\boldsymbol{w}_3 = 0$, $\boldsymbol{w}_2^T\boldsymbol{w}_3 = 0$ であり，固有ベクトルが互いに直交していることが確認される。

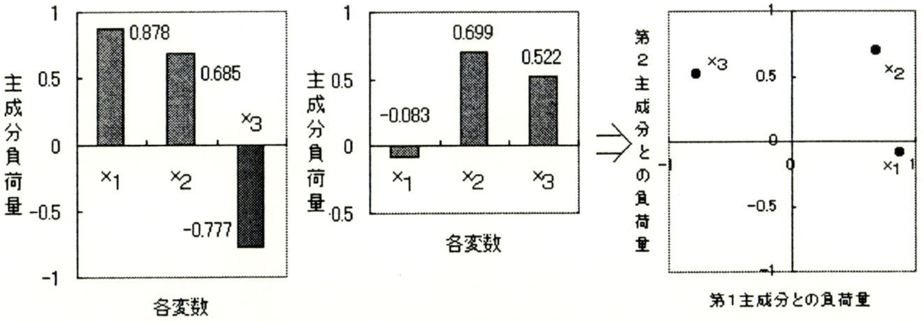

(a)　(b)　(c)

図 3.10　各変数と主成分負荷量

(a) 第 1 主成分と各変数との主成分負荷量

(b) 第 2 主成分と各変数との主成分負荷量

(c) 変数と主成分との主成分負荷量

手順 3　主成分得点を求める。

第 1 主成分に関して，各 i サンプルの標準化された主成分得点は，$(x_{i1}, x_{i2}, x_{i3})^T$ を

$$\begin{aligned} f_{i1} &= w_{11}z_{i1} + w_{12}z_{i2} + w_{13}z_{i3} \\ &= w_{11}(x_{i1} - \overline{x}_1)/\sqrt{s_{11}} + w_{12}(x_{i2} - \overline{x}_2)/\sqrt{s_{22}} + w_{13}(x_{i3} - \overline{x}_3)/\sqrt{s_{33}} \\ &= 0.647(x_{i1} - 55.15)/4.63 + 0.504(x_{i2} - 7.72)/2.29 - 0.572(x_{i3} - 6.99)/2.23 \end{aligned}$$

に代入することで求める。また，第 2 主成分に関しても同様に，各 i サンプルの主成分得点は

$$f_{i2} = -0.094z_{i1} + 0.797z_{i2} + 0.596z_{i3}$$

に代入することで，以下の表 3.9 のように求まる。

表 3.9 主成分得点

No. \ 項目	x_1	x_2	x_3	第 1 主成分得点	第 2 主成分得点
1	50.1	7.4	11.6	−1.96	1.22
2	50.9	8.3	5.8	−0.16	−0.030
3	54.8	4.3	4.9	−0.27	−1.74
4	60.1	10	6	1.45	0.43
5	56.4	9.6	3.3	1.53	−0.36
6	63.4	9	3.9	2.23	−0.54
7	55.8	6.6	7.6	−0.31	−0.24
8	54.7	4.3	8.5	−1.20	−0.78
9	47.3	7.9	8.3	−1.39	0.57
10	61.8	12.3	7	1.93	1.46
11	56.1	7.4	7.5	−0.07	0.0055
12	53.6	5.2	7.6	−0.93	−0.68
13	52	8.1	8.9	−0.85	0.71

手順 4 主成分得点のグラフ表示 (点のプロット) を行う (図 3.11)。

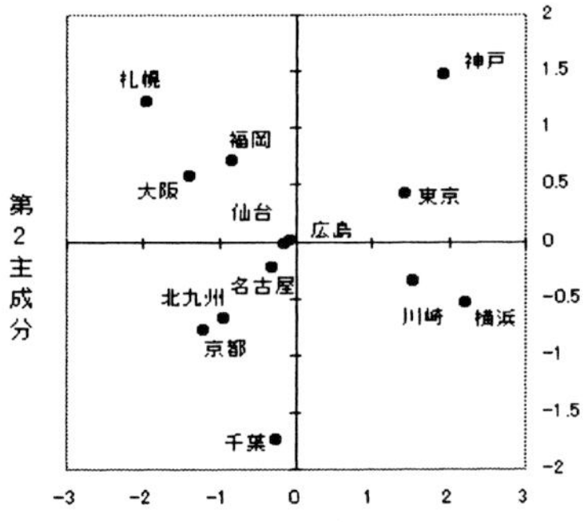

図 3.11 主成分得点に関する散布図

手順 5 主成分得点から，個々のサンプルの解釈をする。

第 1 主成分では横浜, 神戸, 東京, 川崎が高く実収入が多いが，住居費も高い地域である。逆に札幌, 大阪，京都はこれらの都市の中で，その反対の傾向が強い。第 2 主成分では神戸, 札幌が高く，病院などの安全面での良さがあるが，千葉は逆である。第 1 主成分の寄与率が 61%で，かなり都市が 2 グループに区別され，更に第 2 主成分で，それらのグループ内で区別される。□

演 3-4 以下の表 3.10 は，男子大学生 18 人の身体測定 (身長 (cm)，体重 (kg)，胸囲 (cm)) に関するデータである。相関行列を用いて，主成分分析を行え。

表 3.10 身体測定データ

測定項目 / 人	身長 (cm)	体重 (kg)	胸囲 (cm)
1	172	60	83
2	173	49	85
3	169	63	87
4	183	76	95
5	170.5	68	93
6	168	56	80
7	165	55	90
8	177	58	78
9	173	64	80
10	181	70	87
11	167	57	85
12	176	61	85
13	171	59	90
14	160	53	83
15	175	68	90
16	170	53	80
17	173	52	80
18	163	61	86

演 3-5 以下に示す表 3.11 の年齢別の男性についての体力テスト (握力，反復横跳び，垂直跳び) の平均データに関して合成変量を求めよ (平成 7 年度，文部省体育局生涯スポーツ課「体力・運動能力調査報告書」より)。

表 3.11 体力テスト

テスト項目 / 年齢	握力 (kg)	反復横跳び (回)	垂直跳び (cm)
15	39.51	42.94	56.43
20	45.88	45.88	60.17
25	47.91	44.46	57.24
30	48.83	47.27	55.17
35	49.08	45.56	52.55
40	48.59	44.29	50.67
45	47.68	42.15	47.88
50	45.30	39.47	44.69
55	43.61	37.36	41.30

演 3-6 野球選手でよく言われる三冠王は打率，ホームラン数，打点である。以下に示す表 3.12 の各野球選手のそれらのデータから，どのように重み付けて総合評価をし

たらよいか，主成分分析により求めてみよ。((社) 日本野球機構,BIS データ本部「日本プロ野球公式記録」2000 年版, セリーグの上位 18 人の打率，ホームラン数，打点の該当箇所より引用。)

表 3.12 個人打撃成績表

名前＼項目	打率	ホームラン数	打点
金城 龍彦 (横浜)	0.346	3	36
ローズ (横浜)	0.332	21	97
松井 秀喜 (巨人)	0.316	42	108
ペタジーニ (ヤクルト)	0.316	36	96
金本 知憲 (広島)	0.315	30	90
山﨑 武司 (中日)	0.311	18	68
立浪 和義 (中日)	0.303	9	58
石井 琢朗 (横浜)	0.302	10	50
宮本 慎也 (ヤクルト)	0.300	3	55
仁志 敏久 (巨人)	0.298	20	58
鈴木 尚典 (横浜)	0.297	20	89
高橋 由伸 (巨人)	0.289	27	74
ゴメス (中日)	0.289	25	79
木村 拓也 (広島)	0.288	10	30
真中 満 (ヤクルト)	0.279	9	41
古田 敦也 (ヤクルト)	0.278	14	64
新庄 剛志 (阪神)	0.278	28	85
岩村 明憲 (ヤクルト)	0.278	18	66

このように，製品 (カメラ, オーディオ，パソコン) 評価, 家の満足度，豊かさの評価，レジャーの評価などのアンケート調査についても，主成分分析が適用できる。これまでの記述からも，行列の固有値・固有ベクトルが重要な役割を果たしていることがわかる。以下の章においても重要な役割を果たす。そして，実際に固有値・固有ベクトルを求めるには，コンピュータによる反復計算で求める。そのための手法には，サイズが 30×30 以上のような大きな場合には三角行列に変換するハウスホルダー法，QR 法がある。なお，古典的な固有値の反復計算による求め方として，以下の 2 つの手法がある。

つまり,

- 一般の行列の場合には**ベキ乗法**
- 対称行列の場合には**ヤコビ法**

である。5 章にはヤコビ法のマクロ等の説明もあるので，参照されたい。

4章　判別分析

4.1　判別分析とは

いくつかの群ごとに得られている過去のデータに基づき，新しい1つのサンプルが得られたとき，このサンプルがどの群に属するかを判別 (判定, 予測) する手法を**判別分析** (discriminant analysis) という。そこで，どの群に属するかを判別するための基準をつくることが課題である。そして，判別するために用いる関数を**判別関数** (discriminant function) という。つまり, m 個の群が想定される場合, 判別関数は変数のとる領域を m 個の領域に分割するものである。

簡単な場合として，2群の1次元の場合を考えてみよう。例えば，走り幅跳びで7m以上跳べば決勝進出でき，そうでなければ決勝にでられないと判別されるとすると，図4.1のように7mを境として分れる。

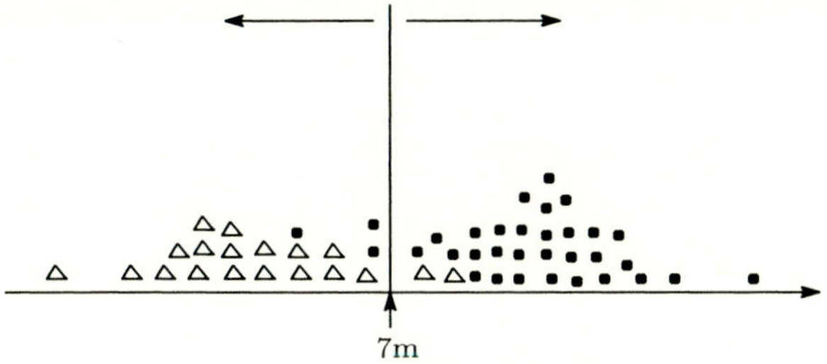

図 4.1　1次元データでの判別

次に，2群で2次元 (変量) の場合を考えてみよう。レポートの点 (x_1) と試験の点 (x_2) を総合して単位認定をする場合，各人の成績を打点 (プロット) すると，図4.2のように2山型になった。このとき直線を用いて，どのように合格者群と不合格者群の2群に分けたらよいだろうか。できるだけよく判別したい。従来の単なる合計点でいいのか, 試験だけまたはレポートだけで判定していいかなど，1次元でよく判別しようと努力するわけである。2次元だと平面，3次元だと空間に表せ，目にみえ判別できそうだが，さらに次元があがると，判別がかなり難しくなる。

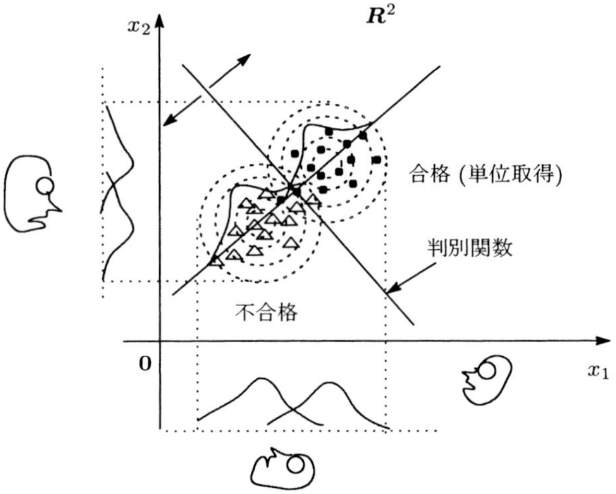

図 4.2　2 次元データを 1 次元で判別する

次に，具体的にどのような適用場面があるか，思いつくままあげてみよう。
[適用場面]　就職先は，将来性があるかないかを資産, 経常利益等から判別する。VSOP(バイタリティー, スペシャリティー, オリジナリティー, パーソナリティー) が就職の決め手であるといわれるが，就職内定に実際どれだけ効いているのか。大学入試での合否判定で，入試の成績が効いているか。進学に際し，文系か理系かの判定をする。いくつかの症状から，病名の判定をする。スーパーを，出店するか否かの判定をする。電気製品で，どのメーカーのものを買うか決める。製品の等級分けを行う。曲がヒットするか否かを詞, メロディーなどで判別する。パソコンを利用目的で，デスクトップタイプ，ノート型，モバイル型のいずれにするか判別する。菓子を糖質・脂質等から分類する。涼しさの判別を温度, 湿気, 風などから行う。雨が降るか降らないかの判別を湿度, 雲の量などで行う。お菓子, 酒など，どこのメーカーのものかを当てる。犯人かどうか, 筆跡鑑定で誰が書いたのか, 誰の子かの判定をする。画像, 音像での判定をする。マンションの入居者かどうか, 部屋の住人かどうか

など，識別判定をする。出土された頭蓋骨が，人類か類人猿かの判定をする。データから異常値かどうかを判別する。$\cdots$ など，多くのことに応用されよう。

m 群 (母集団) を $G_1, \cdots, G_m$ とし, 新たに p 変量のデータ $\boldsymbol{x} = (x_1, \cdots, x_p)^T$ がとられたとする。この $\boldsymbol{x}$ が $G_1, \cdots, G_m$ のいずれかに属するとき，どの群に属するかを判別関数 $f(\boldsymbol{x})$ によって判別する。

そして, 判別 (分類) するための方式 (ルール) としては, 以下のような判別方式 (ルール) が考えられている。データの分布を積極的に利用する方法と, そうでない方法に基づいている。分布としては正規分布がよく考えられている。

方式 1　変数の線形結合である判別関数 $f = \boldsymbol{w}^T\boldsymbol{x}$ を用いて分類するとき, この線形関数の全変動に対する群 (級) 間変動 (群 (級) 内の変動に対して) の比が大きくなるように判別する。

方式 2　とられたデータ $\boldsymbol{x}$ と群 G_h の近さを測る量 $d(\boldsymbol{x}, G_h)$ が最小となる群に属すると判定する。(分布を仮定したもとでの近さを測るなら，データ $\boldsymbol{x}$ の密度関数を $g_h(\boldsymbol{x})$ とするとき, 真の密度 $g(\boldsymbol{x})$ とのロス (loss)$\ell(g, g_h)$ が最小となる群に属すると判定するような場合も同様である。また, モデル $g_1, \cdots,$ g_m のうち，最もロスの少ないモデルを選択することに対応している。)

方式 3　判別にともなう損失の期待値 (リスク) が，最小になるように判別する。ベイズ基準, ミニマックス基準, 検定基準などに基づく。これは分布を仮定している。

ここで, 第 $h(=1 \sim m)$ 群の第 $i(=1 \sim n_h)$ サンプルの $j(=1 \sim p)$ 変量のデータを，以下のように表す。

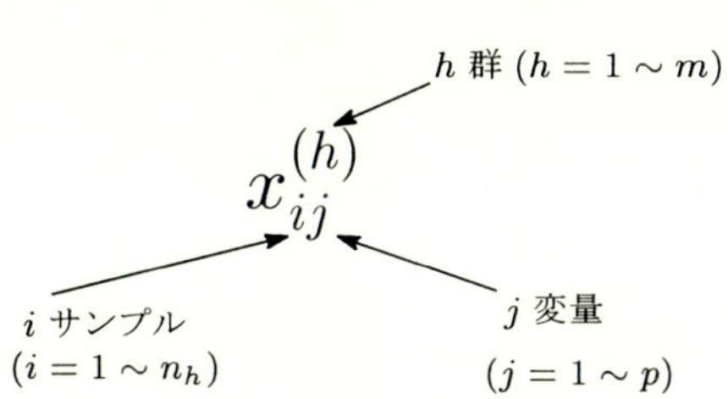

そこで，データは表 4.1 のように与えられる。

表 4.1 h 群のデータ行列

サンプル＼変量	x_1	x_2	$\cdots$	x_j	$\cdots$	x_p
1	$x_{11}^{(h)}$	$x_{12}^{(h)}$	$\cdots$	$x_{1j}^{(h)}$	$\cdots$	$x_{1p}^{(h)}$
$\vdots$	$\vdots$	$\vdots$	$\ddots$	$\vdots$	$\ddots$	$\vdots$
i	$x_{i1}^{(h)}$	$x_{i2}^{(h)}$	$\cdots$	$x_{ij}^{(h)}$	$\cdots$	$x_{ip}^{(h)}$
$\vdots$	$\vdots$	$\vdots$	$\ddots$	$\vdots$	$\ddots$	$\vdots$
n_h	$x_{n_h1}^{(h)}$	$x_{n_h2}^{(h)}$	$\cdots$	$x_{n_hj}^{(h)}$	$\cdots$	$x_{n_hp}^{(h)}$

更に，もとのデータ $x_{ij}^{(h)}$ について

- h 群での $j(=1,\cdots,p)$ 変量の平均を

$$\text{(4.1)}\qquad \overline{x}_j^{(h)} = \frac{x_{1j}^{(h)}+\cdots+x_{n_hj}^{(h)}}{n_h} = \frac{1}{n_h}\sum_{i=1}^{n_h} x_{ij}^{(h)}$$

- すべての群にわたっての j 変量の全平均 $\overline{x}_j$ を

$$\text{(4.2)}\qquad \overline{x}_j = \frac{1}{n_1+\cdots+n_m}\sum_{h=1}^{m}\left(x_{1j}^{(h)}+\cdots+x_{n_hj}^{(h)}\right) = \frac{1}{n}\sum_{h=1}^{m}\sum_{i=1}^{n_h} x_{ij}^{(h)}$$

と表すことにする。また，以下では計算の簡単さから，2 群への判別と 3 群以上 (多群) での判別に分けて考えよう。

4.2 2群での判別

4.2.1 判別方式 1

合成変量 f の群間の変動が，全変動に対して最大になるように重み $\boldsymbol{w}$ を決める方法を考えよう。そのため，以下に各変動を具体的に表してみよう。

合成変量

$$\text{(4.3)}\qquad f = w_1x_1+\cdots+w_px_p = \sum_{j=1}^{p} w_jx_j$$

に関して，$h(=1,2)$ 群の第 $i(=1,\cdots,n_h)$ サンプルの合成変量 $f_i^{(h)}$ は

$$\text{(4.4)}\qquad f_i^{(h)} = w_1x_{i1}^{(h)}+\cdots+w_px_{ip}^{(h)} = \sum_{j=1}^{p} w_jx_{ij}^{(h)}$$

である。そして，$h(=1,2)$ 群における平均を $\overline{f}^{(h)}$，全部での合成変量の平均を $\overline{f}$ で表すとき， 合成変量の全変動 (平方和)S_T は

$$(4.5)\qquad S_T=\sum_{i=1}^{n_1}(f_i^{(1)}-\overline{f})^2+\sum_{i=1}^{n_2}(f_i^{(2)}-\overline{f})^2$$

である。

次に，$h(=1,2)$ 群の第 $i(=1,\cdots,n_h)$ サンプルの合成変量 $f_i^{(h)}$ の全平均からの差を分解すると

$$(4.6)\qquad \underbrace{f_i^{(h)}-\overline{f}}_{\text{群 } h \text{ の } i \text{ サンプルの偏差}} = \underbrace{f_i^{(h)}-\overline{f}^{(h)}}_{\text{群 } h \text{ 内での偏差}} + \underbrace{\overline{f}^{(h)}-\overline{f}}_{\text{群 } h \text{ との偏差}}$$

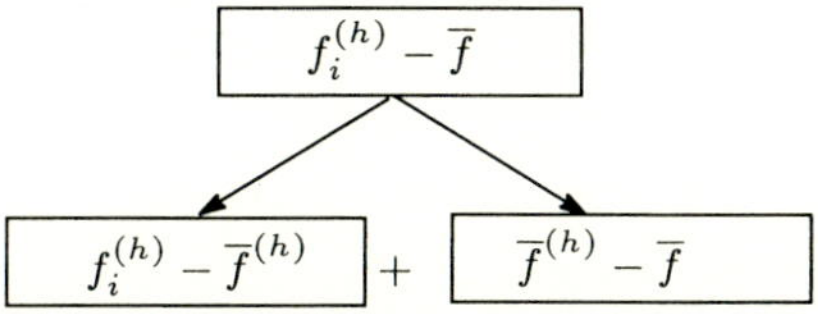

となるので, 式 (4.5) は

(4.7)

$$S_T=\underbrace{\sum_{i=1}^{n_1}(f_i^{(1)}-\overline{f}^{(1)})^2+\sum_{i=1}^{n_2}(f_i^{(2)}-\overline{f}^{(2)})^2}_{S_W}+\underbrace{n_1(\overline{f}^{(1)}-\overline{f})^2+n_2(\overline{f}^{(2)}-\overline{f})^2}_{S_B}$$

と分解される。ただし，S_W(Within group) は**群 (級) 内変動**を表し，S_B(Between group) は**群 (級) 間変動**を表す。つまり，

公式

全変動=群内変動+群間変動　　　$S_T=S_W+S_B$

と分解される。次に, $h(=1,2)$ 群の合成変量の平均，全平均は,

$$(4.8)\qquad \overline{f}^{(h)}=\boldsymbol{w}^T\overline{\boldsymbol{x}}^{(h)},\qquad \overline{f}=\boldsymbol{w}^T\overline{\boldsymbol{x}}$$

$$\left(\text{ただし，}\quad \overline{\boldsymbol{x}}^{(h)}=\left(\overline{x}_1^{(h)},\cdots,\overline{x}_p^{(h)}\right)^T,\quad \overline{\boldsymbol{x}}=\left(\overline{x}_1,\cdots,\overline{x}_p\right)^T\right)$$

となり，各平均 $\overline{\boldsymbol{x}}^{(1)},\overline{\boldsymbol{x}}^{(2)},\overline{\boldsymbol{x}}$ をベクトル $\boldsymbol{w}$ の方向への正射影した長さが，各

合成変量の平均を表している。

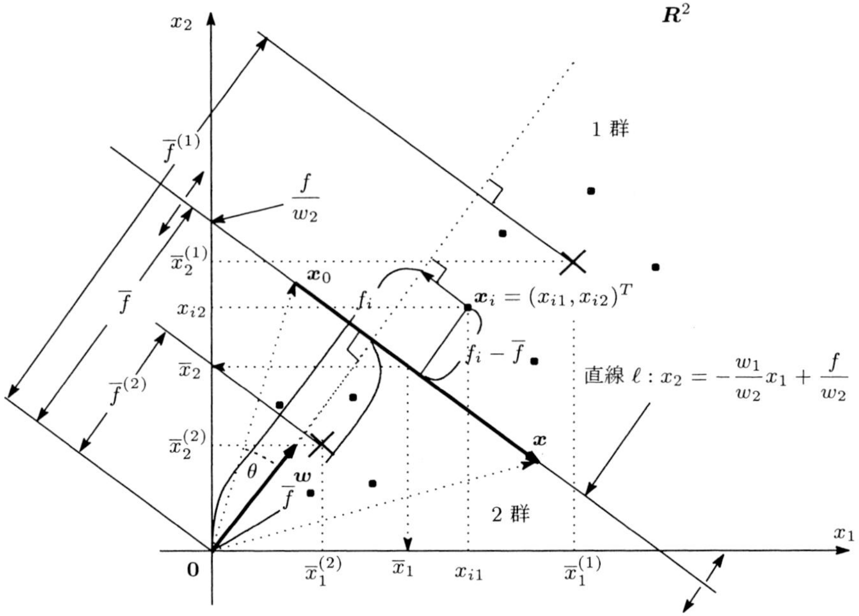

図 4.3 2 群での判別の概念図

2 次元の平面 $(p = 2)$ の場合に，具体的に考えてみよう。図 4.3 のように，集合 $\{\boldsymbol{x} = (x_1, x_2)^T \in \boldsymbol{R}^2; f = w_1x_1 + w_2x_2 = -w_0 = w_1x_{01} + w_2x_{02}\}$ は，点 $\boldsymbol{x}_0 = (x_{01}, x_{02})^T(\boldsymbol{w}^T\boldsymbol{x}_0 = w_0 = f)$ を通り，ベクトル $\boldsymbol{w} = (w_1, w_2)^T$ に垂直な直線 ℓ 上の点 $\boldsymbol{x}$ を表す。そこで，$\boldsymbol{w} \perp \boldsymbol{x} - \boldsymbol{x}_0$ である。そして，$\boldsymbol{w}$ が単位ベクトル (長さが 1 より $\|\boldsymbol{w}\| = 1$ かつ $0 \leqq w_1$, $0 \leqq w_2$) の場合, $\boldsymbol{w}^T\boldsymbol{x} = f$ であることは，ベクトル $\boldsymbol{x}$ のベクトル $\boldsymbol{w}$ へ射影した長さが $|f|$ となることを意味している。そこで，i サンプルの点 $P_i(\boldsymbol{x}_i)$ について，$f_i = \boldsymbol{w}^T\boldsymbol{x}_i$ の絶対値は i サンプルと直線 ℓ との距離を表している。

次に，群内変動，群間変動をもとの変量 $\boldsymbol{x}$ を用いて表すと

(4.9) $\quad S_W = \boldsymbol{w}^T W \boldsymbol{w}$

と表される。ただし, $W = (W_{jk})_{p\times p}\Big(= S = (S_{jk})\Big)$ は群内変動行列であり,

(4.10)　$$W_{jk} = \sum_{i=1}^{n_1}(x_{ij}^{(1)} - \overline{x}_j^{(1)})(x_{ik}^{(1)} - \overline{x}_k^{(1)}) + \sum_{i=1}^{n_2}(x_{ij}^{(2)} - \overline{x}_j^{(2)})(x_{ik}^{(2)} - \overline{x}_k^{(2)})$$

である。同様に, $B = (B_{jk})_{p\times p}$ を群間変動行列として群間変動を変形すると

(4.11)　$$S_B = \boldsymbol{w}^T B\boldsymbol{w}$$

$$\left(\text{ただし,}\quad n = n_1 + n_2,\quad B_{jk} = \frac{n_1 n_2}{n}(\overline{x}_j^{(1)} - \overline{x}_j^{(2)})(\overline{x}_k^{(1)} - \overline{x}_k^{(2)})\right)$$

と表される。そして, **相関比** $\eta^2 = S_B/S_T$ は

(4.12)　$$\frac{S_B}{S_T} = \frac{\text{群間変動}}{\text{全変動}} = \frac{S_B}{S_W + S_B} = \frac{S_B/S_W}{S_B/S_W + 1}$$

と変形されるので, η^2 (イータの 2 乗と読む) の最大化は S_B/S_W の最大化と同等である。そこで, 以下の群間変動と群内変動を表す行列を用いた

(4.13)　$$\frac{S_B}{S_W} = \frac{\boldsymbol{w}^T B\boldsymbol{w}}{\boldsymbol{w}^T W\boldsymbol{w}} = \frac{\text{群間変動}}{\text{群内変動}}$$

を最大化する $\boldsymbol{w}$ を求めればよい。したがって, 制約条件として群内変動 $\boldsymbol{w}^T W\boldsymbol{w}$ を一定, 例えば, 1 としたもとで 式 (4.13) を最大化すればよい。よって, λ を未定乗数として,

(4.14)　$$Q = \boldsymbol{w}^T B\boldsymbol{w} - \lambda(\boldsymbol{w}^T W\boldsymbol{w} - 1)$$

とおくとき, ラグランジェの未定乗数法より Q を $\boldsymbol{w}$ で微分し, $\mathbf{0}$ とおくと

(4.15)　$$\frac{\partial Q}{\partial \boldsymbol{w}} = 2B\boldsymbol{w} - 2\lambda W\boldsymbol{w} = \mathbf{0}$$

より, W:正則のとき

(4.16)　$$W^{-1}B\boldsymbol{w} = \lambda\boldsymbol{w}$$

だから, 行列 $W^{-1}B$ の固有値問題となる。具体的に, 式 $B\boldsymbol{w} = \lambda W\boldsymbol{w}$ は

(4.17)　$$\frac{n_1 n_2}{n}(\overline{\boldsymbol{x}}^{(1)} - \overline{\boldsymbol{x}}^{(2)})(\overline{\boldsymbol{x}}^{(1)} - \overline{\boldsymbol{x}}^{(2)})^T\boldsymbol{w} = \lambda W\boldsymbol{w}$$

とかけ, $(\overline{\boldsymbol{x}}^{(1)} - \overline{\boldsymbol{x}}^{(2)})^T\boldsymbol{w}$ はスカラーなので, $\boldsymbol{w} \propto W^{-1}(\overline{\boldsymbol{x}}^{(1)} - \overline{\boldsymbol{x}}^{(2)})$(比例する) であるから,

(4.18)　$$\boldsymbol{w} = W^{-1}(\overline{\boldsymbol{x}}^{(1)} - \overline{\boldsymbol{x}}^{(2)})$$

とする。このとき, 判別関数は

(4.19)　$$f = \boldsymbol{x}^T W^{-1}(\overline{\boldsymbol{x}}^{(1)} - \overline{\boldsymbol{x}}^{(2)})$$

と導かれる。これは**フィッシャーの線形判別関数**といわれ，次項にある判別方式2,3でも導出される。(2変数での線形) 判別関数 $f = w_1x_1 + w_2x_2 + w_0$ に各データ (x_{i1}, x_{i2}) を代入した値を**判別得点** (discriminant score) という。図4.3で，判別得点が直線 $0 = w_1x_1 + w_2x_2 + w_0$ との距離に対応することがわかる。

(補 4-1) 以下では具体的に3次元 (変数) までの場合について，重み $\boldsymbol{w}$ が与えられるとき，線形判別関数と判別得点との図での関係をみてみよう。

① 直線(データの次元 $p = 1$, 1変量) の場合　　直線上の点 P_i の座標が x_i のとき，点 $\widehat{P}_i(x_0)$ との距離は $d(P_i, \widehat{P}_i) = |x_i - x_0|$ で，これは，一点からなる集合 $\{\ x : w_1(x - x_0) = 0\}$ との距離である。そして，図4.4のようになる。

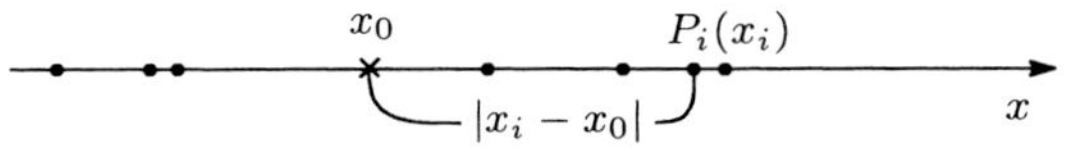

図 4.4　　1次元での判別

② 平面(データの次元 $p = 2$, 2変量) の場合　　1点 $\boldsymbol{x}_0$ を通り, ベクトル $\boldsymbol{a}$ に平行な直線を $\boldsymbol{\ell}$ とすると, 直線 ℓ 上の点 $\boldsymbol{x}$ は実数 (媒介変数)t を用いて，$\boldsymbol{x} = \boldsymbol{x}_0 + t\boldsymbol{a}$ とかかれる。次に, 座標が $\boldsymbol{x}_i = (x_{i1}, x_{i2})^T$ の平面上の点 P_i から直線 ℓ へ下ろした垂線の足 (もっとも近い点)$\widehat{P}_i$ の座標を $\widehat{\boldsymbol{x}}_i = (\widehat{x}_{i1}, \widehat{x}_{i2})^T$ とすると,

$$\widehat{\boldsymbol{x}}_i = \boldsymbol{x}_i - \frac{(\boldsymbol{w}, \boldsymbol{x}_i - \boldsymbol{x}_0)}{\|\boldsymbol{w}\|^2} \cdot \boldsymbol{w} = \boldsymbol{x}_i - \boldsymbol{w}(\boldsymbol{w}^T\boldsymbol{w})^{-1}\boldsymbol{w}^T(\boldsymbol{x}_i - \boldsymbol{x}_0)$$

で与えられる。

また1点 $\boldsymbol{x}_0$ を通り, ベクトル $\boldsymbol{w} = (w_1, w_2)^T$ に垂直な直線 ℓ 上の点を $\boldsymbol{x}$ とすれば, $\boldsymbol{w} \perp \boldsymbol{x} - \boldsymbol{x}_0$ である。そこで2つのベクトル $\boldsymbol{a}, \boldsymbol{b}$ の内積を $(\boldsymbol{a}, \boldsymbol{b}) (= \boldsymbol{a}^T\boldsymbol{b} = \|\boldsymbol{a}\|\|\boldsymbol{b}\|\cos\theta)$ で表せば，$(\boldsymbol{w}, \boldsymbol{x} - \boldsymbol{x}_0) = 0$ が成立する。つまり

$$\begin{aligned}\boldsymbol{w}^T(\boldsymbol{x} - \boldsymbol{x}_0) &= w_1(x_1 - x_{01}) + w_2(x_2 - x_{02}) \\ &= w_1x_1 + w_2x_2 + \underbrace{\{-(w_1x_{01} + w_2x_{02})\}}_{=w_0} = 0\end{aligned}$$

次に, 点 P_i と直線 ℓ との距離 $d(P_i, \widehat{P}_i)$ は

$$d(P_i, \widehat{P}_i) = \frac{|(\boldsymbol{w}, \boldsymbol{x}_i - \boldsymbol{x}_0)|}{\|\boldsymbol{w}\|} = \frac{|w_1 x_{i1} + w_2 x_{i2} + w_0|}{\sqrt{w_1^2 + w_2^2}}$$

で与えられ，図 4.5 のようになる。

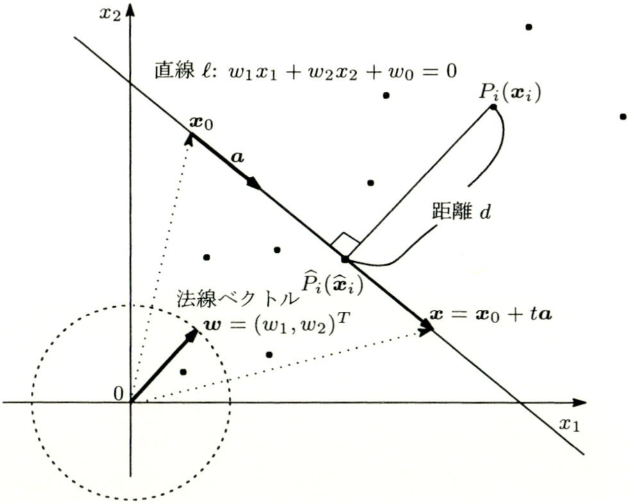

図 4.5　平面 (2 次元) での判別

③ 空間(データの次元 $p = 3$, 3 変量) の場合　　1 点 $\boldsymbol{x}_0$ を通り，ベクトル $\boldsymbol{a}$ と $\boldsymbol{b}$ で張られる平面 π 上の点 $\boldsymbol{x}$ は実数 s,t を用いて，$\boldsymbol{x} = \boldsymbol{x}_0 + s\boldsymbol{a} + t\boldsymbol{b}$ と書かれる。次に，座標が $\boldsymbol{x}_i = (x_{i1}, x_{i2}, x_{i3})^T$ の空間の点 P_i から平面 π へ下ろした垂線の足 (もっとも近い点)$\widehat{P}_i$ の座標を $\widehat{\boldsymbol{x}}_i = (\hat{x}_{i1}, \hat{x}_{i2}, \hat{x}_{i3})^T$ とする。

また，1 点 $\boldsymbol{x}_0$ を通り，ベクトル $\boldsymbol{w} = (w_1, w_2, w_3)^T$ に直交する平面 π 上の点を $\boldsymbol{x}$ とすれば，$\boldsymbol{w} \perp \boldsymbol{x} - \boldsymbol{x}_0$ である。そこで，$p = 2$ の場合と同様に $(\boldsymbol{w}, \boldsymbol{x} - \boldsymbol{x}_0) = 0$ が成立する。つまり

$$\begin{aligned}\boldsymbol{w}^T(\boldsymbol{x} - \boldsymbol{x}_0) &= w_1(x_1 - x_{01}) + w_2(x_2 - x_{02}) + w_3(x_3 - x_{03}) \\ &= w_1x_1 + w_2x_2 + w_3x_3 + \underbrace{\{-(w_1x_{01} + w_2x_{02} + w_3x_{03})\}}_{=w_0} = 0\end{aligned}$$

が成立し，点 P_i と点 $\widehat{P}_i$(平面 π) との距離は

$$d(P_i, \widehat{P}_i) = \frac{|(\boldsymbol{w}, \boldsymbol{x}_i - \boldsymbol{x}_0)|}{\|\boldsymbol{w}\|} = \frac{|w_1x_{i1} + w_2x_{i2} + w_3x_{i3} + w_0|}{\sqrt{w_1^2 + w_2^2 + w_3^2}}$$

で与えられる。$\|\boldsymbol{w}\|$=1 のときには, $d(P_i, \widehat{P}_i) = \|\boldsymbol{w}\| = |w_1x_{i1}+w_2x_{i2}+w_3x_{i3}+w_0|$: 判別得点の絶対値が距離となり, この得点が大きいほど良く判別されることがわかる。

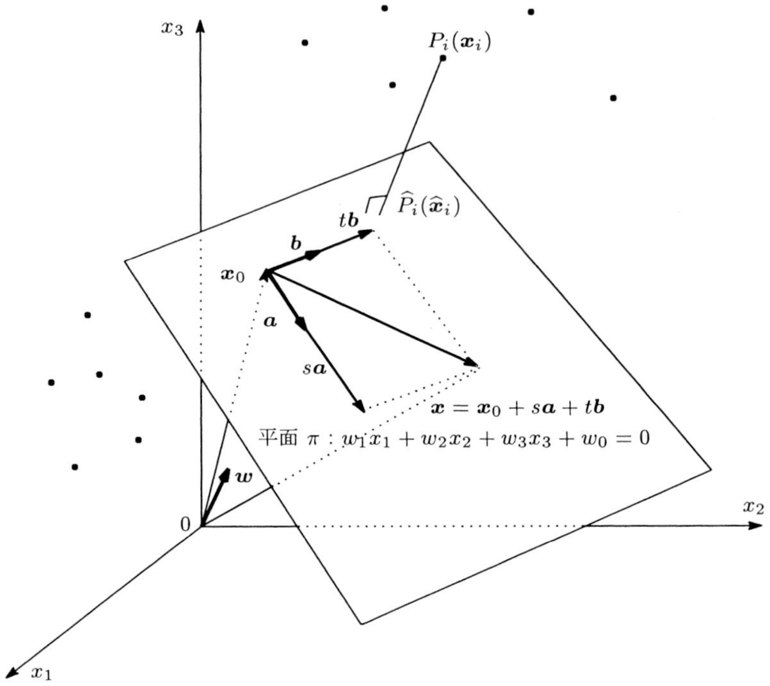

図 4.6 空間 (3 次元) での判別

図 4.6 にみられるように, 第 i サンプルの点 P_i の座標を $\boldsymbol{x}_i = (x_{i1}, x_{i2})^T$ (3 次元空間では $= (x_{i1}, x_{i2}, x_{i3})^T$) とし, 直線 $\ell : w_1x_1 + w_2x_2 + w_0 = 0$(平面 π : $w_1x_1 + w_2x_2 + w_3x_3 + w_0 = 0$) に, P_i から下ろした垂線の足を $\widehat{P}_i(\widehat{\boldsymbol{x}}_i)$ とすると

$$\widehat{\boldsymbol{x}}_i = \boldsymbol{x}_i - \frac{(\boldsymbol{w}, \boldsymbol{x}_i - \boldsymbol{x}_0)}{\|\boldsymbol{w}\|^2} \cdot \boldsymbol{w}$$

で与えられる。そこで, 点 P_i と直線 (平面) との距離は

$$\frac{|(\boldsymbol{x}_i - \boldsymbol{x}_0, \boldsymbol{w})|}{\|\boldsymbol{w}\|}$$

となる。

$p=2$ のときには, 点 P_i と直線との距離は

$$\frac{|w_1x_{i1}+w_2x_{i2}+w_0|}{\sqrt{w_1^2+w_2^2}}$$

であり, $p=3$ のとき, 点 P_i と平面との距離は

$$\frac{|w_1x_{i1}+w_2x_{i2}+w_3x_{i3}+w_0|}{\sqrt{w_1^2+w_2^2+w_3^2}}$$

となり, これが 判別得点 に対応している。◁

(補 4-2)　一般に $\boldsymbol{R}^p$ 内の q 次元の部分ベクトル空間 S に平行な図形 $S+\boldsymbol{x}_0$ を q 次元平面という。1 次元平面が直線で, $p-1$ 次元平面を超平面という。S の基底を $\{\boldsymbol{a}_1, \cdots, \boldsymbol{a}_q\}$ とすれば $S+\boldsymbol{x}_0=\{\boldsymbol{x}=t_1\boldsymbol{a}_1+\cdots+t_q\boldsymbol{a}_q+\boldsymbol{x}_0; t_i\in R\}$ と表される。◁

4．2．2 判別方式 2

データ $\boldsymbol{x}$ と群 G_h との近さを決めて, 群ごとに近さを計算する。そして, 得られたデータと最も近い群を, その属す群と判別するのが自然であろう。そこで, その近さをどのように測るかが問題となる。群 G_h と $\boldsymbol{x}$ との距離を $d(\boldsymbol{x},G_h)(h=1,2)$ で表すことにし, 判別には普通, 次のマハラノビスの汎距離が採用される。

2 つの群の母平均をそれぞれ $\boldsymbol{\mu}_1$, $\boldsymbol{\mu}_2$ とし, 母分散行列を Σ_1, Σ_2 とする。このとき

(4.20)　$$d(\boldsymbol{x},G_h)=(\boldsymbol{x}-\boldsymbol{\mu}_h)^T\Sigma_h^{-1}(\boldsymbol{x}-\boldsymbol{\mu}_h)$$

で測る。これを **マハラノビスの汎距離** (Maharanobis' distance) という。母平均 $\boldsymbol{\mu}_h$, 母分散 Σ_h が未知の場合は, それぞれ

(4.21)　$$\widehat{\boldsymbol{\mu}}_h=\overline{\boldsymbol{x}}_h$$

(4.22)　$$\widehat{\Sigma}_h=\frac{1}{n_h-1}\left\{\sum_{i=1}^{n_h}(\boldsymbol{x}_i^{(h)}-\overline{\boldsymbol{x}}^{(h)})(\boldsymbol{x}_i^{(h)}-\overline{\boldsymbol{x}}^{(h)})^T\right\}$$

を用いればよい。

例 4-1 以下の表 4.2 は，ある科目の試験で，テキストを利用して受験した者と利用なしで受験した者の成績である。テキストを利用した群と利用しない群の 2 群を考え，各群の成績について，等分散であるか検討した後，判別関数を求めよ。

表 4.2 成績表

No. ＼ 群	テキスト利用者	テキストなし
1	97	69
2	83	74
3	85	70
4	85	65
5	75	45
6	77	68
7	78	70
8	92	59
9	81	60
10	93	73
11	96	84
12	76	
13	98	

[解] **手順 1** 各群での基本統計量の計算

各群での平均, 分散を求めるため, 以下のような表 4.3 の補助表を作成する。

表 4.3 補助表

No. ＼ 群	$x^{(1)}$	$x^{(2)}$	${x^{(1)}}^2$	${x^{(2)}}^2$
1	97	69	9409	4761
2	83	74	6889	5476
3	85	70	7225	4900
4	85	65	7225	4225
5	75	45	5625	2025
6	77	68	5929	4624
7	78	70	6084	4900
8	92	59	8464	3481
9	81	60	6561	3600
10	93	73	8649	5329
11	96	84	9216	7056
12	76	–	5776	–
13	98	–	9604	–
計	1116	737	96656	50377

そこで，　$\overline{x}_1 = 85.85, \overline{x}_2 = 67.00,\ V_1 = 70.97,\ V_2 = 99.8$ である。

手順 2　判別関数の導出

まず，等分散性のチェックをする。

$$\begin{cases} \mathrm{H}_0 & : \quad \sigma_1^2 = \sigma_2^2 \\ \mathrm{H}_1 & : \quad \sigma_1^2 \neq \sigma_2^2,\ \text{有意水準}\ \alpha = 0.20 \end{cases}$$

の検定を行う。ここでは，各群のデータがそれぞれ正規分布 $N(\mu_1, \sigma_1^2)$，$N(\mu_2, \sigma_2^2)$ に従うことを仮定する。データから仮定しても良さそうである。また有意水準も 20%とし，等分散性が棄却されない場合，帰無仮説を受容し，等分散とみなして解析する立場をとる。

$\widehat{\sigma_1^2} = V_1 = 70.97$,　$\widehat{\sigma_2^2} = V_2 = 99.8$ で, $V_1 < V_2$ より，　検定統計量は

$$F_0 = \frac{V_2}{V_1} \sim F_{n_2-1, n_1-1} \quad \text{under} \quad \mathrm{H}_0$$

である。そして，$F_0 = 1.41 < F(10, 12; 0.10) = 2.19$ だから，有意水準 20%で帰無仮説は棄却されず, 等分散とみなして解析をすすめる。

そこで，分散としてプーリングした

$$V = \frac{1}{n_1 + n_2 - 2}(S_1 + S_2) = (851.69 + 998)/(13 + 11 - 2) = 84.08$$

を用いる。よって，判別関数は

$$f = \frac{\overline{x}_1 - \overline{x}_2}{V}\left(x - \frac{\overline{x}_1 + \overline{x}_2}{2}\right) = \frac{85.85 - 67}{84.08}\left(x - \frac{85.85 + 67}{2}\right)$$
$$= 0.224(x - 76.425) = 0.224x - 17.12$$

となる。

手順 3　判別得点の計算と判別。各 x_i に対して, $f_i = 0.224x_i - 17.12$ に代入して判別得点を計算すると，表 4.4 のようになる。そして，判別得点が正なら 1 群, 負なら 2 群と判別する。

手順 4　誤判別確率の推定

表 4.4 の判別得点の表から判別した結果をまとめると，表 4.5 のようになる。表計算ソフト Excel の countif 関数を利用して計算すればよい。

表 4.4 判別得点の表

群 / No.	$x^{(1)}$	$x^{(2)}$	$f_i^{(1)}$	$f_i^{(2)}$
1	97	69	4.61	−1.664
2	83	74	1.47	−0.544
3	85	70	1.92	−1.44
4	85	65	1.92	−2.56
5	75	45	−0.32	−7.04
6	77	68	0.128	−1.89
7	78	70	0.352	−1.44
8	92	59	3.45	−3.90
9	81	60	1.02	−3.68
10	93	73	3.71	−0.77
11	96	84	4.38	1.70
12	76	−	−0.10	−
13	98	−	4.83	−
判定			正の個数 11	負の個数 10

表 4.5 判別結果の表

真の群 / 判別	第 1 群	第 2 群
第 1 群	11	1
第 2 群	2	10
誤判別の確率	0.153	0.091

□

演 4-1 以下に示す表 4.6 は男性と女性について，それぞれ 10 人の身長のデータを示すものである。2 つの群の確率分布は正規分布であると仮定し，人はそれぞれの群からのランダムサンプルとして，判別方式と誤判別の確率を求めよ。また，身長 150cm, 170cm の人は男性か女性かを予測せよ。

表 4.6 身長データ (単位 : cm)

群 / No.	男性	女性
1	175	158
2	172	166
3	171	153
4	178	160
5	166	163
6	163	150
7	172	162
8	162	154
9	167	155
10	173	157

4.2.3　*判別方式 3

ここではデータの分布を仮定するため，以下に必要となる確率に関連した記号をいくつか準備をしよう。

- $g_h(\boldsymbol{x})$: 母集団 G_h の確率密度関数 $(h=1,2)$
- π_h: $\boldsymbol{x}$ が G_h から選ばれる確率 (**事前確率**：prior probability ともいわれる)
- $P(i|\boldsymbol{x})$: データ $\boldsymbol{x}$ が得られたとき, G_i と判別する確率
- $C(j|i)$: G_i からのサンプルを G_j と判別するときの損失 $(1 \leqq j \neq i \leqq 2)$
- $C(1|1)=C(2|2)=0$ とする。
- $P(\boldsymbol{x})$: データが得られる確率

そして，例えば犯人であるかどうか判定する際には犯人にもかかわらず, 犯人と判別する誤りと犯人でないにもかかわらず, 犯人と判別してしまう 2 種類の誤りを犯す。同様に, 2 群での判別においては**誤判別** (分類) といわれる次の 2 種類の誤りを犯す。

(i) 群 G_1 からのサンプルにもかかわらず, 群 G_2 のサンプルと誤って判別する誤りで, その確率を $P(2|1)$ で表す。

(ii) 群 G_2 からのサンプルにもかかわらず, 群 G_1 のサンプルと誤って判別する誤りで, その確率を $P(1|2)$ で表す。

そこで, サンプル $\boldsymbol{x}$ が本当に属す群 (母集団) について，本当に属す群が G_i のとき, 群 G_j に属すと判別する場合, 表 4.7 のようになる。

表 4.7　データの属す群の判別とその確率

判別 (判定) ＼ 本当	G_1	G_2	計 (確率)
G_1 確率	正しい $P(1\|1)$	誤　り $P(1\|2)$	− $P(1)$
G_2 確率	誤　り $P(2\|1)$	正しい $P(2\|2)$	− $P(2)$
計 (確率)	1	1	

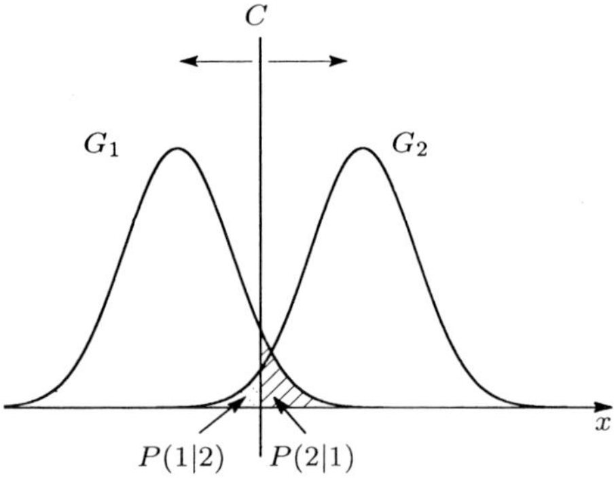

図 4.7 分布を考慮した判別

以上をまとめると，表 4.8 のようになる。

表 4.8 判別と期待損失の表

群	G_1	G_2	
事前確率	π_1	π_2	1
判別する確率	$P(2\|1)$	$P(1\|2)$	誤判別確率
損失 (コスト)	$C(2\|1)$	$C(1\|2)$	
期待損失 (リスク)	$\pi_1 C(2\|1)P(2\|1)$	$\pi_2 C(1\|2)P(1\|2)$	$\pi_1 C(2\|1)P(2\|1)$ $+\pi_2 C(1\|2)P(1\|2)$

$\boldsymbol{x}$ が得られるときの，損失の期待値 $r(\boldsymbol{x})$(=リスク：expected loss) は

$$r(\boldsymbol{x}) = \pi_1 C(2|1)P(2|1) + \pi_2 C(1|2)P(1|2) \quad \searrow (\text{最小化}) \tag{4.23}$$

となる。これを最小にするような判別方式を，**ベイズ判別ルール** (Bayes discrimination rule) という。式 (4.23) を書き直すと

$$\begin{aligned} &\pi_1 C(2|1)\int_{R_2} g_1(\boldsymbol{x})d\boldsymbol{x} + \pi_2 C(1|2)\int_{R_1} g_2(\boldsymbol{x})d\boldsymbol{x} \\ &= \int_{R_2} \{\pi_1 C(2|1)g_1(\boldsymbol{x}) - \pi_2 C(1|2)g_2(\boldsymbol{x})\}d\boldsymbol{x} + \pi_2 C(1|2) \end{aligned} \tag{4.24}$$

となり，この式の右辺第 2 項は定数なので，第 1 項を最小にすれば良い。したがって，第 1 項の被積分関数が，負になる領域に R_2 をとれば良い。そこで，ベイズ判別ルールは以下に与えられる。

判別方式

(4.25)　$R_1\colon \log\lambda(\boldsymbol{x}) \geqq \eta,\quad R_2\colon \log\lambda(\boldsymbol{x}) < \eta$

ただし,

$\lambda(\boldsymbol{x}) = \dfrac{g_1(\boldsymbol{x})}{g_2(\boldsymbol{x})}$: 尤度比(ユウドヒ),　$\eta = \log\dfrac{\pi_2 C(1|2)}{\pi_1 C(2|1)}$: **閾値**(シキイチ)(threshold value)

つまり, 対数尤度比が η より大か小で判別する方式となる。閾値はまた, **分岐点**または**分離点** (cut-off point) ともいわれる。

データ x の分布を仮定すると, 具体的に誤判別等の評価・計算ができる。ここでは, 正規分布を仮定した場合について考察しよう。

[**例示 4-1**](多次元の正規分布の場合)

2 つの p 次元の正規分布を $N_p(\boldsymbol{\mu}_h, \Sigma_h)(h=1,2)$ とすると, 密度関数は

(4.26)　$$g_h(\boldsymbol{x}) = (2\pi)^{-p/2}\,|\det(\Sigma_h)|^{-1/2}\exp\left\{-\frac{1}{2}(\boldsymbol{x}-\boldsymbol{\mu}_h)^T\Sigma_h^{-1}(\boldsymbol{x}-\boldsymbol{\mu}_h)\right\}$$

である。なお, $\det(\Sigma_h)$ は行列 Σ_h の行列式を表す。この時, 尤度比 $\Lambda(\boldsymbol{x})$ は

(4.27)

$$\Lambda(\boldsymbol{x}) = \left|\frac{\det(\Sigma_2)}{\det(\Sigma_1)}\right|^{1/2}\exp\left[\frac{1}{2}\left\{\boldsymbol{x}^T(\Sigma_1^{-1}-\Sigma_2^{-1})\boldsymbol{x} - 2\boldsymbol{x}^T(\Sigma_1^{-1}\boldsymbol{\mu}_1 - \Sigma_2^{-1}\boldsymbol{\mu}_2) + \boldsymbol{\mu}_1^T\Sigma_1^{-1}\boldsymbol{\mu}_1 - \boldsymbol{\mu}_2^T\Sigma_2^{-1}\boldsymbol{\mu}_2\right\}\right]$$

となる。そこで, $f=\ln\Lambda(\boldsymbol{x})$ とおくと, f は $\boldsymbol{x}$ の 2 次形式で超楕円体 (hyper-ellipsoid) を表す。

1) 分散共分散行列が既知 (known) の場合

① $\Sigma_1=\Sigma_2=\Sigma$ のとき

(4.28)　$$f = \ln\Lambda = \boldsymbol{x}^T\Sigma^{-1}(\boldsymbol{\mu}_1-\boldsymbol{\mu}_2) - \frac{1}{2}(\boldsymbol{\mu}_1+\boldsymbol{\mu}_2)^T\Sigma^{-1}(\boldsymbol{\mu}_1-\boldsymbol{\mu}_2)$$

となり, これは $\boldsymbol{x}$ の線形式より, フィッシャー (Fisher) の**線形判別関数** (linear discriminant function) と呼ばれる。

② $\Sigma_1 \neq \Sigma_2$ のとき

前述の

$$f = \ln \Lambda = \frac{1}{2}\Big\{\boldsymbol{x}^T(\Sigma_1^{-1} - \Sigma_2^{-1})\boldsymbol{x} - 2\boldsymbol{x}^T(\Sigma_1^{-1}\boldsymbol{\mu}_1 - \Sigma_2^{-1}\boldsymbol{\mu}_2) + \boldsymbol{\mu}_1^T\Sigma_1^{-1}\boldsymbol{\mu}_1 - \boldsymbol{\mu}_2^T\Sigma_2^{-1}\boldsymbol{\mu}_2\Big\} \tag{4.29}$$

を用いる。これは2次形式となり，2変量の場合，以下の図4.8のように，曲線を判別関数として2つの正規分布のどちらかに判別される。

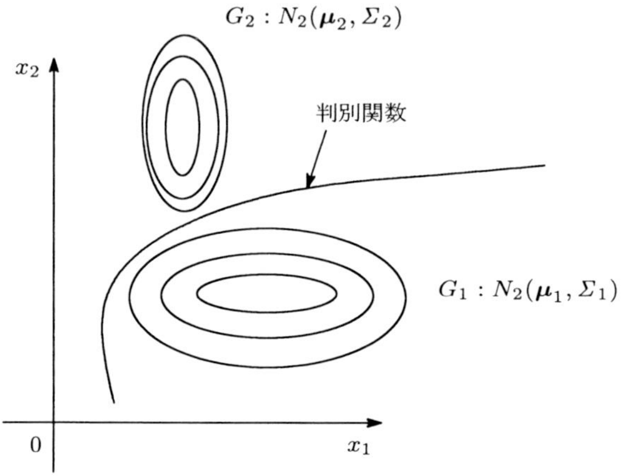

図 4.8　2次元正規分布での判別

2) 母数が未知 (unknown) の場合

① 第1段階(等分散性の検定)

$$\begin{cases} \mathrm{H}_0 & : \quad \Sigma_1 = \Sigma_2 \\ \mathrm{H}_1 & : \quad \Sigma_1 \neq \Sigma_2 \end{cases}$$

を検定するための代表的な検定として，**ボックスの M 検定** (Box's M-test) がある。それは，検定統計量

$$\chi_0^2 = \left\{1 - \left(\frac{1}{n_1 - 1} + \frac{1}{n_2 - 1} - \frac{1}{n-2}\right)\frac{2p^2 + 3p - 1}{6(p+1)}\right\}\ln \Lambda \tag{4.30}$$

が帰無仮説 H_0 のもとで，自由度 $\phi = p(p+1)/2$ のカイ2乗分布 $\chi^2_{p(p+1)/2}$ に従うことを利用する。ここに，

(4.31) $$\Lambda = |\widehat{\Sigma}|^{n-2} \Big/ \left(|\widehat{\Sigma}_1|^{n_1-1} |\widehat{\Sigma}_2|^{n_2-1} \right) \qquad (n = n_1 + n_2),$$

$$\widehat{\Sigma} = \frac{1}{n_1+n_2-2}\{(n_1-1)\widehat{\Sigma}_1 + (n_2-1)\widehat{\Sigma}_2\}$$

である。

検定方式

等分散性の検定（ $\mathrm{H}_0 : \Sigma_1 = \Sigma_2$, $\mathrm{H}_1 : \Sigma_1 \neq \Sigma_2$ ）について
有意水準 α に対し,
$\chi_0^2 \geqq \chi^2(\phi, \alpha) \quad \Longrightarrow \quad \mathrm{H}_0$ を棄却する

② 第2段階

・H_0 が棄却されない場合, $\Sigma_1 = \Sigma_2 = \Sigma$ とみなし,

(4.32) $$\widehat{\boldsymbol{\mu}}_1 = \overline{\boldsymbol{x}}_1 = \frac{1}{n_1}\sum_{i=1}^{n_1} \boldsymbol{x}_i^{(1)}, \quad \widehat{\boldsymbol{\mu}}_2 = \overline{\boldsymbol{x}}_2 = \frac{1}{n_2}\sum_{i=1}^{n_2} \boldsymbol{x}_i^{(2)}$$

(4.33) $$\widehat{\Sigma} = \frac{1}{n_1+n_2-2}\left\{(n_1-1)\widehat{\Sigma}_1 + (n_2-1)\widehat{\Sigma}_2\right\}$$

を 1) の①の式 (4.28) の f に代入することで，判別関数が得られる。

・H_0 が棄却された場合，$\Sigma_1 \neq \Sigma_2$ とみなして, $h = 1, 2$ に対し,

(4.34) $$\widehat{\Sigma}_h = \frac{1}{n_h-1}\left\{\sum_{i-1}^{n_h}(\boldsymbol{x}_i^{(h)} - \overline{\boldsymbol{x}}^{(h)})(\boldsymbol{x}_i^{(h)} - \overline{\boldsymbol{x}}^{(h)})^T\right\}$$

を 1) の②の式 (4.29) の f に代入することで，判別関数が得られる。

$\Sigma_1 = \Sigma_2 = \Sigma$ の場合, $D^2 = (\boldsymbol{\mu}_1 - \boldsymbol{\mu}_2)^T \Sigma^{-1} (\boldsymbol{\mu}_1 - \boldsymbol{\mu}_2)$ とおくと，$\boldsymbol{x}$ が群 G_1 に属すとき，$f \sim N(\frac{1}{2}D^2, D^2)$ である。また, $\boldsymbol{x}$ が群 G_2 に属すとき，$f \sim N(-\frac{1}{2}D^2, D^2)$ である。この D^2 は，前述の**マハラノビスの汎距離** (Mahalanobis' distance) である。そして，1 群にもかかわらず 2 群と判別する確率は,

$$\begin{aligned}(4.35)\ P(2 \mid 1) &= \Pr(f < C \mid \boldsymbol{x} \in G_1) \\ &= \int_{-\infty}^{C} \frac{1}{\sqrt{2\pi}D} \exp\left[-\frac{(f - D^2/2)^2}{2D^2}\right] df = \Phi\left(\frac{C - D^2/2}{D}\right)\end{aligned}$$

である。ここに，Φ は標準正規分布の分布関数である。同様に，

(4.36)　$$P(1 \mid 2) = 1 - \Phi\left(\frac{C + D^2/2}{D}\right)$$

である。そこで，誤りの確率 P_e は

(4.37)　$$P_e = P(1) \cdot P(2 \mid 1) + P(2) \cdot P(1 \mid 2)$$

となり，特に $P(1) = P(2) = 1/2$ のとき，$P_e = 1 - \Phi(D^2/2)$ である。また，誤判別確率の推定量は，

(4.38)　$$\widehat{P(2 \mid 1)} = \frac{r_1}{n_1},\ \widehat{P(1 \mid 2)} = \frac{r_2}{n_2}$$

である。ただし，n_h：群 G_h のサンプル数 $(h = 1, 2)$，r_h：h からのサンプルにもかかわらず，$\ell(\neq h)$ からのサンプルと判別された個数とする。

例 4-2　表 4.9 は洋菓子 (I 群) の 10 種類，和菓子 (II 群) の 8 種類についての，100g 中に含まれる蛋白質 x_1(g) と糖質 x_2(g) のデータである。x_1 と x_2 による洋菓子と和菓子を判別する方式，およびそのときの誤判別の確率を推定せよ。(監修：香川芳子：「毎日の食事のカロリーガイドブック」(1993)，p.96〜p.98 の洋菓子と和菓子での該当箇所，女子栄養大学出版部より引用。)

表 4.9　洋菓子 (I) と和菓子 (II) の蛋白質と糖質

洋菓子群			和菓子群		
名前＼項目	$x_1^{(1)}$	$x_2^{(1)}$	名前＼項目	$x_1^{(2)}$	$x_2^{(2)}$
シュークリーム	6.1	16.2	大　福	2.8	31.4
チーズケーキ	5.2	11.4	みたらし団子	2.0	26.7
ショートケーキ	4.4	31.4	あん団子	2.7	31.4
チョコレートケーキ	4.0	26.7	羊　羹	2.2	41.8
モンブラン	3.7	34.8	どらやき	4.5	43.9
マドレーヌ	2.3	18.0	カステラ	3.4	30.4
フルーツケーキ	3.2	25.7	栗まんじゅう	3.0	34.0
トリュフ	2.1	15.4	蒸しまんじゅう	2.4	29.4
ミルフィーユ	4.2	32.8			
ワッフル	4.1	18.0			

[解]　**手順 1**　データの前提条件のチェック。そこで，データをプロットしてみると図 4.9 のようになり，いずれの群もほぼ 2 次元の正規分布と仮定してよさそうである。

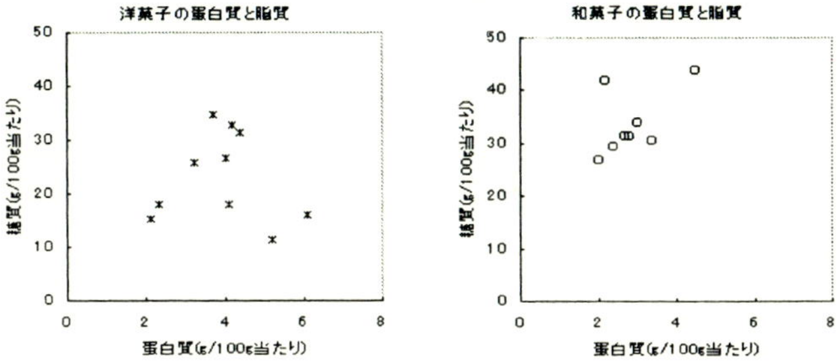

(a)　　(b)

図 4.9　洋菓子 (a) と和菓子 (b) の蛋白質と糖質の散布図

手順 2　各群の基本統計量を求める。そのため，表 4.10 のような補助表を作成する。

表 4.10　補助表 (洋菓子)

名前 ＼ 項目	$x_1^{(1)}$	$x_2^{(1)}$	$x_1^{(1)2}$	$x_2^{(1)2}$	$x_1^{(1)}x_2^{(1)}$
シュークリーム	6.1	16.2	37.21	262.44	98.82
チーズケーキ	5.2	11.4	27.04	129.96	59.28
ショートケーキ	4.4	31.4	19.36	985.96	138.16
チョコレートケーキ	4.0	26.7	16.00	712.89	106.80
モンブラン	3.7	34.8	13.69	1211.04	128.76
マドレーヌ	2.3	18.0	5.29	324.00	41.40
フルーツケーキ	3.2	25.7	10.24	660.49	82.24
トリュフ	2.1	15.4	4.41	237.16	32.34
ミルフィーユ	4.2	32.8	17.64	1075.84	137.76
ワッフル	4.1	18.0	16.81	324.00	73.80
計	39.3 ①	230.4 ②	167.69 ③	5923.78 ④	899.36 ⑤

補助表 (和菓子)

名前 ＼ 項目	$x_1^{(2)}$	$x_2^{(2)}$	$x_1^{(2)2}$	$x_2^{(2)2}$	$x_1^{(2)}x_2^{(2)}$
大　福	2.8	31.4	7.84	985.96	87.92
みたらし団子	2.0	26.7	4.00	712.89	53.40
あん団子	2.7	31.4	7.29	985.96	84.78
羊　羹	2.2	41.8	4.84	1747.24	91.96
どらやき	4.5	43.9	20.25	1927.21	197.55
カステラ	3.4	30.4	11.56	924.16	103.36
栗まんじゅう	3.0	34.0	9.00	1156.00	102.00
蒸しまんじゅう	2.4	29.4	5.76	864.36	70.56
計	23.0 ⑥	269.0 ⑦	70.54 ⑧	9303.78 ⑨	791.53 ⑩

そこで各群の偏差積和は，次のように計算される。$S_{11}^{(1)} = ③ - ①^2/10 = 167.69 - 39.3^2/10 = 13.241$, $S_{12}^{(1)} = ⑤ - ① \times ②/10 = -6.112$, $S_{22}^{(1)} = ④ - ②^2/10 = 615.364$, 同様に $S_{11}^{(2)} = ⑧ - ⑥^2/8 = 70.54 - 23.0^2/8 = 4.415$, $S_{12}^{(2)} = ⑩ - ⑥ \times ⑦/8 = 18.155$, $S_{22}^{(2)} = ⑨ - ⑦^2/8 = 258.655$

手順 3 等分散性 $(\Sigma_1 = \Sigma_2)$ の検定

群ごとの分散の推定量を求める。$h(=1,2)$ 群に対し，

$$\widehat{\Sigma}_h = \frac{S_h}{n_h - 1}$$
$$= \frac{1}{n_h - 1}\begin{pmatrix} \sum_{i=1}^{n_h}(x_{i1}^{(h)} - \overline{x}_1^{(h)})^2 & \sum_{i=1}^{n_h}(x_{i1}^{(h)} - \overline{x}_1^{(h)})(x_{i2}^{(h)} - \overline{x}_2^{(h)}) \\ \sum_{i=1}^{n_h}(x_{i1}^{(h)} - \overline{x}_1^{(h)})(x_{i2}^{(h)} - \overline{x}_2^{(h)}) & \sum_{i=1}^{n_h}(x_{i2}^{(h)} - \overline{x}_2^{(h)})^2 \end{pmatrix}$$

より，$\widehat{\Sigma}_1 = \begin{pmatrix} 1.4712 & -0.6791 \\ -0.6791 & 68.3738 \end{pmatrix}$，$\widehat{\Sigma}_2 = \begin{pmatrix} 0.6307 & 2.5936 \\ 2.5936 & 36.9507 \end{pmatrix}$ であり，また

$$\widehat{\Sigma} = \frac{S_1 + S_2}{n_1 + n_2 - 2}$$
$$= \begin{pmatrix} \dfrac{13.241 + 4.415}{16} & \dfrac{-6.112 + 18.155}{16} \\ \dfrac{-6.112 + 18.155}{16} & \dfrac{615.364 + 258.655}{16} \end{pmatrix} = \begin{pmatrix} 1.1035 & 0.7527 \\ 0.7527 & 54.6262 \end{pmatrix}$$

したがって，$\ln \Lambda = (n_1 - 1)\ln \dfrac{|\widehat{\Sigma}|}{|\widehat{\Sigma}_1|} + (n_2 - 1)\ln \dfrac{|\widehat{\Sigma}|}{|\widehat{\Sigma}_2|} = 4.318$ より

$$\chi_0^2 = \left\{1 - \left(\frac{1}{9} + \frac{1}{7} - \frac{1}{16}\right)\frac{2 \times 2^2 + 3 \times 2 - 1}{6(2+1)}\right\}\ln \Lambda = 3.72$$

で有意確率が 0.2933 より，帰無仮説 $\mathrm{H}_0 : \Sigma_1 = \Sigma_2$ は有意水準 5%で棄却されず，$\Sigma_1 = \Sigma_2$ とみなして解析をすすめる。

手順 4 判別関数を求める。手順 3 から等分散とみなし，線形判別関数

$$f = \boldsymbol{x}^T \widehat{\Sigma}^{-1}(\widehat{\boldsymbol{\mu}}_1 - \widehat{\boldsymbol{\mu}}_2) - \frac{1}{2}(\widehat{\boldsymbol{\mu}}_1 + \widehat{\boldsymbol{\mu}}_2)^T \widehat{\Sigma}^{-1}(\widehat{\boldsymbol{\mu}}_1 - \widehat{\boldsymbol{\mu}}_2)$$

を求める。ここで

$$\widehat{\boldsymbol{\mu}}_1 = (3.93,\ 23.04)^T,\ \widehat{\boldsymbol{\mu}}_2 = (2.875,\ 33.625)^T,\ \widehat{\Sigma} = \begin{pmatrix} 1.1035 & 0.7527 \\ 0.7527 & 54.6262 \end{pmatrix}$$

より，線形判別関数は $f(x_1, x_2) = 1.0985x_1 - 0.2089x_2 + 2.1811$ となる。判別方式としては，$f > 0 \Longrightarrow$ I 群と判別し，$f < 0 \Longrightarrow$ II 群と判別することになる。

手順 5　判別得点を求める。各サンプルごとに，判別関数に x_1, x_2 の値を代入して，表 4.11 のように判別得点を計算する。

表 4.11　判別得点の表 (洋菓子)

名前＼項目	$x_1^{(1)}$	$x_2^{(1)}$	判別得点	判定
シュークリーム	6.1	16.2	5.498	1 群
チーズケーキ	5.2	11.4	5.512	1 群
ショートケーキ	4.4	31.4	0.455	1 群
チョコレートケーキ	4.0	26.7	0.997	1 群
モンブラン	3.7	34.8	−1.024	2 群
マドレーヌ	2.3	18.0	0.947	1 群
フルーツケーキ	3.2	25.7	0.327	1 群
トリュフ	2.1	15.4	1.271	1 群
ミルフィーユ	4.2	32.8	−0.057	2 群
ワッフル	4.1	18.0	2.925	1 群

判別得点の表 (和菓子)

名前＼項目	$x_1^{(2)}$	$x_2^{(2)}$	判別得点	判定
大　福	2.8	31.4	−1.303	2 群
みたらし団子	2.0	26.7	−1.200	2 群
あん団子	2.7	31.4	−1.413	2 群
羊　羹	2.2	41.8	−4.134	2 群
どらやき	4.5	43.9	−2.047	2 群
カステラ	3.4	30.4	−0.435	2 群
栗まんじゅう	3.0	34.0	−1.626	2 群
蒸しまんじゅう	2.4	29.4	−1.324	2 群

手順 6　誤判別の確率を求める。

手順 4 の結果から判別結果をまとめると，表 4.12 のようになる。

表 4.12　判別結果の表

判別＼真の群	洋菓子	和菓子
洋菓子	8	0
和菓子	2	8
誤判別の確率	0.2	0

□

演 4-2 例 4-2 で，更に脂質を説明変数に追加して判別してみよ。脂質は以下のような値である。

表 4.13 洋菓子 (I) と和菓子 (II) の脂質

洋菓子群		和菓子群	
名前 ＼ 項目	$x_3^{(1)}$	名前 ＼ 項目	$x_3^{(2)}$
シュークリーム	11.0	大　福	0.4
チーズケーキ	18.6	みたらし団子	0.4
ショートケーキ	8.6	あん団子	0.4
チョコレートケーキ	19.9	羊　羹	0.1
モンブラン	6.3	どらやき	2.0
マドレーヌ	8.2	カステラ	2.6
フルーツケーキ	10.5	栗まんじゅう	0.7
トリュフ	10.7	蒸しまんじゅう	0.3
ミルフィーユ	22.7		
ワッフル	4.5		

演 4-3 以下の表 4.14 は，ある大学の経済学部へ合格した 10 人 (1 群) と不合格になった 10 人 (2 群) の，高校時代での実力考査の成績のデータである。2 つの群の成績の確率分布は正規分布であると仮定し，合格者, 不合格者の成績は，それぞれの群からのランダムサンプルとして，判別方式と誤判別の確率 $P(2|1), P(1|2)$ を求めよ。また，実力考査の成績が 38, 42, 50 である人の合否を，その判別方式により判定せよ。

表 4.14 実力考査の成績

1 群		2 群	
No. ＼ 項目	$x_1^{(1)}$	No. ＼ 項目	$x_1^{(2)}$
1	52	1	44
2	54	2	43
3	51	3	41
4	48	4	37
5	40	5	36
6	47	6	42
7	53	7	46
8	46	8	45
9	52	9	43
10	46	10	45

演 4-4 以下の表 4.15 は，ほぼ同じ学生数の国立大学 (1 群) と私立大学 (2 群) の教員 1 人当たり学生数 (x_1(人)) と，学生 1 人当たり校舎面積 (x_2 (m^2)) のデータである。国立大学と私立大学の，これらのデータによる判別方式を求めよ。なお，私立

大学の教員 1 人当たりの学生数の後の括弧内は総学生数である。(「大学別冊」編集室：'96 大学ランキング (1995), 引用大学の教員 1 人当たり学生数 (人) と学生 1 人当たり校舎面積 (m^2)，朝日新聞社より引用。)

表 4.15　国立大学と私立大学の，教員 1 人当たり学生数 (人) と学生 1 人当たり校舎面積 (m^2)

1 群			2 群		
大学名＼項目	$x_1^{(1)}$	$x_2^{(1)}$	大学名＼項目	$x_1^{(2)}$	$x_2^{(2)}$
北海道大学	11.0	32.4	東北学院大学	41.0(1.4 万人)	4.1
東北大学	13.3	30.1	日本大学	30.2 (6.3 万人)	19.1
筑波大学	6.8	40.8	慶応義塾大学	29.4(2.7 万人)	10.5
千葉大学	15.4	19.8	東海大学	24.4(2.9 万人)	11.3
東京大学	10.8	34.5	早稲田大学	42.6(4 万人)	7.5
新潟大学	15.2	21.5	上智大学	22.9(1 万人)	13.3
名古屋大学	11.9	32.2	明治大学	56.5(3.3 万人)	7.6
京都大学	12.7	34.0	青山学院大学	53.5(1.9 万人)	8.4
大阪大学	12.1	28.8	中央大学	49.8(3.1 万人)	7.9
神戸大学	16.9	18.7	東京理科大学	23.0(1.3 万人)	11.1
岡山大学	14.6	20.5	立教大学	41.3(1.3 万人)	5.6
広島大学	13.3	22.2	学習院大学	50.9(0.9 万人)	9.1
九州大学	12.2	31.8	明治学院大学	43.8(1.1 万人)	9.4
			愛知学院大学	35.5(1.2 万人)	12.4
			立命館大学	49.7(2.6 万人)	8.2
			関西学院大学	51.6(1.5 万人)	6.9
			同志社大学	49.9(2 万人)	11.3
			関西大学	42.9(2.4 万人)	10.2
			福岡大学	43.2(2.1 万人)	8.7

5章　表計算ソフトの利用

コンピュータにより統計(データ)処理を行う際，利用するソフトとしては主に以下のような種類がある。

（1）表計算ソフト

Excel(エクセル)，Lotus(ロータス)などのソフトがある。縦横に合計したり，多くの計算・関数機能がある。グラフ作成，統計処理などの機能も充実している。また，プログラミング機能をもったVBA(Visual Basic for Application)がExcelにはついている。VBA等により作成されたマクロを，Excelに組み込んで用いるアドインソフトとして，エクセル統計，等もある。また個人で作成し，フリーソフトとしてインターネット等を通じてダウンロードできるソフトもある。例えば，青木氏，早狩氏等による。

（2）汎用統計パッケージ

JUSE-QCAS, SAS, SPSS, STATISTICA, 統計解析ハンドブック, など，対話をしながら操作できるソフトがある。

（3）数値計算・数式処理ソフト

Mathematica, Maple, Gaussなどがある。数値積分, 行列の固有値・固有ベクトルを求める際に便利である。

（4）言語および言語的ソフト

Fortran, Basic, C, Visual Basic, Visual C言語など，直接自分で作成するかライブラリを利用する。また，統計関数・機能の多いS, S-PLUSなどがある。以上のいずれかに分類されるが，フリーソフトでかなり機能があるもの(例えば，KyPlot等)がインターネットからダウンロードして利用できる。

以下では，表計算ソフトのExcelのExcel 2000の利用を考えてみよう。

5.1　表計算ソフトExcelの機能

5.1.1　データ入力と保存

1つ1つの枡目(マスメ)(**セル**という)単位で，データの入力・編集ができる。それらの縦(行)と横(列)の集まりで表といわれ，1枚の(ワーク)**シート**(sheet)

となる。そして，それらのシートの複数枚単位を**ブック** (book) と呼び，それを1つのファイルとして保存・読み出しが行われる。シートにはグラフを挿入して同時に保存もできる。そして，種々の操作は上段にあるメニューバーのメニューを，マウス等により選択クリックすることで行える。その下のツールバーの利用により，より簡潔な操作での使用が可能になっている。実際の Excel のシートの画面が，以下の図 5.1 のようである。

Excel の編集機能にコピー，移動，挿入，削除等が文字 (列) 単位，セル単位，行・列単位，シート単位，ファイル単位で行える。文字 (列) について字体，大きさ，色での変更，罫線での字体 (実線，点線など)，太さの変更，図形の作成・編集機能もある。

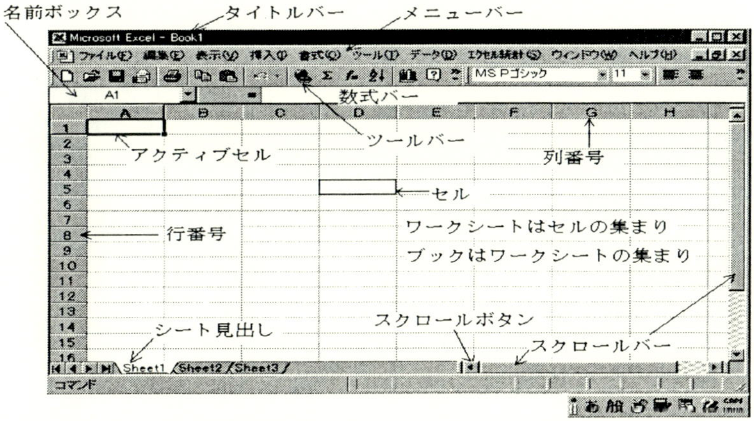

図 5.1　Excel の画面

5.1.2 計　算

表 5.1 にあるような演算記号 +(和), −(差), ∗(積), /(商),^(べき乗) を使ってセル内, セル間で計算する。また多くの関数が用意されていて，範囲を指定して計算が行える。関数については，5.1.5 項 関数の利用 で詳しく取り上げる。セル内にある数値間 (単位) での計算には，セルの番地 (位置) : 縦 (行) 方向の数値と横 (列) 方向のアルファベット文字列 (A,B,···,AB など) を指定し，セル番地同士の演算を定義して計算できる。相対番地と絶対番地の違いに注意しよう。セルの内容をコピーするときなどに，コピー先の番地に応じてコ

ピー内容での番地に関することは，相対番地で指定されている場合は変化 (コピー先の番地によって) するが，絶対番地では変化しない。相対番地の表記では，例えば，1 行 1 列にあるセルは A1 だが，絶対番地表記では$A$1(行も列も絶対番地),$A1(列のみ絶対番地),A$1(行のみ絶対番地) などの表記である。

表 5.1　演算記号

表　記	意　味	使用例	使用例の意味
+	和	2 + 3	$2+3$
−	差	2 − 3	$2-3$
*	積	2 * 3	2×3
/	商	2/3	$2\div 3$
^	べき乗	2 ^ 3	2^3

5．1．3　グラフ作成

面グラフ, 棒グラフ, 折れ線グラフ, 円グラフ, ドーナツグラフ, レーダーチャートなどのグラフが作成できる。実際に散布図を作成し，回帰直線を描く場合の流れを，以下に行ってみよう。最終の画面は図 5.2 のようになる。

データの入力を行う。→ グラフを入れたい位置にカーソルを合わせ → 挿入 (I) → グラフ (H) → グラフの種類の指定 散布図 → 形式 (T) → データ範囲 (D) → グラフオプション設定 → 表示された散布図の点の色をアクティブに (黄色) する → 近似曲線の追加 (R) → 線形近似 (L) → 近似曲線の書式設定 (O)　の流れである。

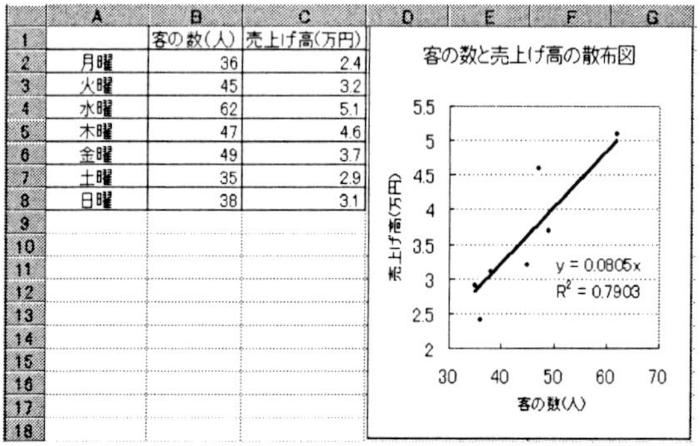

図 5.2　Excel でのグラフ作成例

5．1．4　分析ツールの利用

分散分析，2 標本での検定，回帰分析などがある。以下に 2 標本での検定で，特に 2 つの分散が等しいかどうか (等分散) の検定を行う場合をとりあげよう。

手順 1　データを入力し，ツール (T) から分析ツール (D) を選択する。

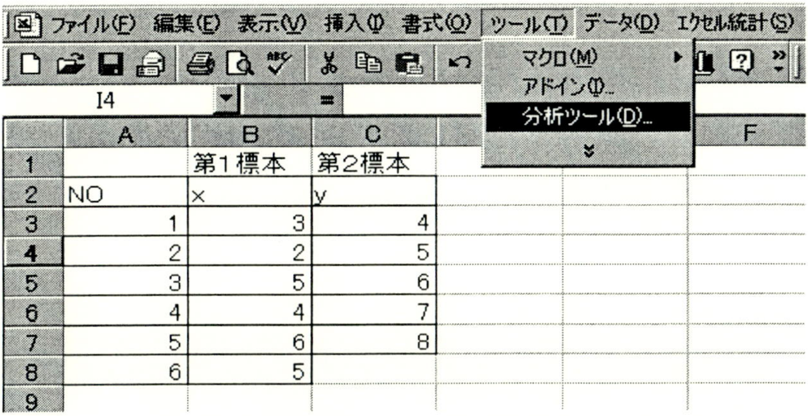

図 5.3　Excel の分析ツールの利用ステップ 1

手順 2　分析ツールから F 検定：2 標本を使った分散の検定 を選択する。

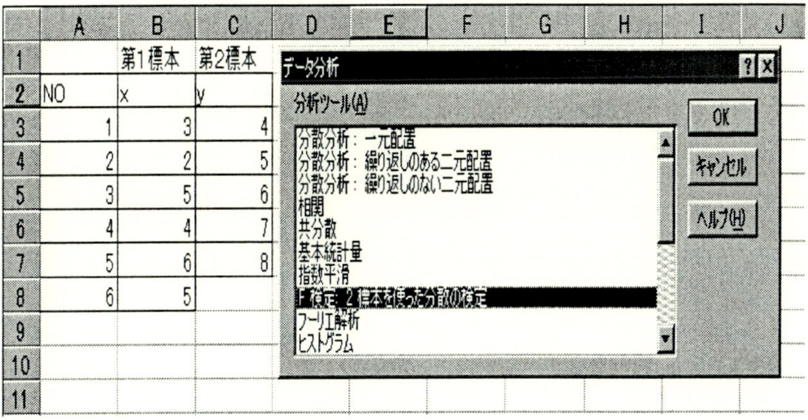

図 5.4　Excel の分析ツールの利用ステップ 2

手順 3　画面から出力内容をチェックし，OK をクリックする。

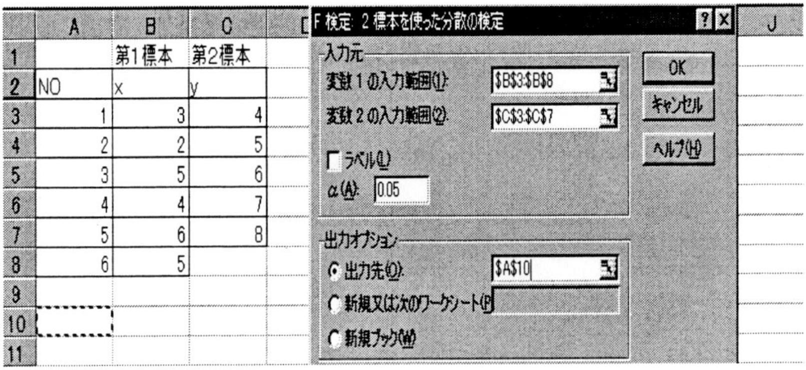

図 5.5　Excel の分析ツールの利用ステップ 3

手順 4　すると，図 5.6 のような結果が得られる。

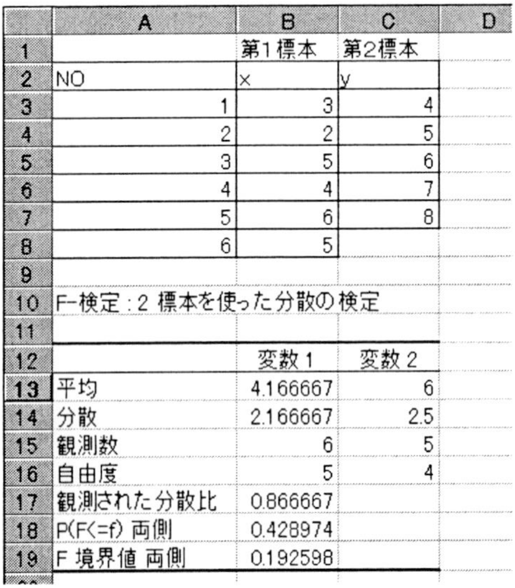

	A	B	C	D
1		第1標本	第2標本	
2	NO	x	y	
3	1	3	4	
4	2	2	5	
5	3	5	6	
6	4	4	7	
7	5	6	8	
8	6	5		
9				
10	F-検定 : 2 標本を使った分散の検定			
11				
12		変数 1	変数 2	
13	平均	4.166667	6	
14	分散	2.166667	2.5	
15	観測数	6	5	
16	自由度	5	4	
17	観測された分散比	0.866667		
18	P(F<=f) 両側	0.428974		
19	F 境界値 両側	0.192598		

図 5.6　Excel の分析ツールの利用ステップ 4

5.1.5 関数の利用

ここでは，統計でよく使われる統計関数，数学/三角関数を取り上げよう。

（1）統計量の計算

基本統計量の計算には，表 5.2 の統計関数を利用する。

表 5.2 統計関数 (基本統計量に関連)

表　記	意　味
AVERAGE(範囲)	範囲のデータから平均を計算し返す
COUNT(範囲)	データ数を数える
COUNTIF(範囲, 検索条件)	範囲のセルのうち検索条件のセルの個数を返す
CORREL(範囲 1, 範囲 2)	範囲 1 と範囲 2 のデータから相関係数を計算し返す
COVAR(範囲 1, 範囲 2)	偏差積和をデータ数で割る共分散を計算し返す
DEVSQ(範囲)	偏差平方和を計算し返す
INTERCEPT(y,x)	x と y を通過する単回帰直線の切片を返す
KURT(範囲)	尖りを計算し返す
LINEST(y,x, 定数, 補正)	最小自乗法による直線の係数の値を返す
MAX(範囲)	範囲のデータから最大値を求め返す
MEDIAN(範囲)	中央値を求め返す
MIN(範囲)	最小値を求め返す
SKEW(範囲)	歪みを計算し返す
STDEV(範囲)	不偏分散の正の平方根を計算し返す
STDEVP(範囲)	偏差平方和をデータ数で割った正の平方根を計算し返す
SUM(範囲)	和を計算し返す
VAR(範囲)	偏差平方和をデータ数 −1 で割る不偏分散
VARP(範囲)	偏差平方和をデータ数で割る分散

	A	B	C
1	NO	x	y
2	1	3	4
3	2	2	7
4	3	5	6
5	4	4	9
6	5	6	8
7	合計	20	34
8	平均	4	6.8
9	最大	6	9
10	中央値	4	7
11	最小値	2	4
12	平方和行列	10	14.8
13			
14	分散行列	2.5	1
15			3.7
16	相関行列	1	0.328798
17			1

	A	B	C
1	NO	x	y
2	1	3	4
3	=A2+1	2	7
4	=A3+1	5	6
5	=A4+1	4	9
6	=A5+1	6	8
7	合計	=SUM(B2:B6)	=SUM(C2:C6)
8	平均	=AVERAGE(B2:B6)	=AVERAGE(C2:C6)
9	最大	=MAX(B2:B6)	=MAX(C2:C6)
10	中央値	=MEDIAN(B2:B6)	=MEDIAN(C2:C6)
11	最小値	=MIN(B2:B6)	=MIN(C2:C6)
12	平方和行列	=DEVSQ(B2:B6)	=DEVSQ(C2:C6)
13			
14	分散行列	=VAR(B2:B6)	=COVAR(B2:B6,C2:C6)*5/4
15			=VAR(C2:C6)
16	相関行列	1	=CORREL(B2:B6,C2:C6)
17			1

図 5.7 Excel での統計関数利用例

図 5.7 の左側が計算結果で，右側が入力式である。

（2）確率分布関連の計算

主要な分布の分位点 (パーセント (%) 点) は，以下の**統計関数**を利用する。なお，関数形式が 1 または TRUE で累積確率となり，関数形式が 0 または FALSE で，その値での確率を表す。

表 5.3　統計関数 (確率分布関連)

表　記	意　味
BINOMDIST(x, 試行回数, 成功率, 関数形式)	試行回数のうち，成功数 x である成功率の二項分布の x まで，または x での確率
CHIDIST(x, 自由度)	自由度のカイ 2 乗分布の x までの確率
CHIINV(確率, 自由度)	自由度のカイ 2 乗分布の上側確率が，確率となる x 座標を返す
FDIST(x, 自由度 1, 自由度 2)	(自由度 1, 自由度 2) の F 分布の x までの確率
FINV(確率, 自由度 1, 自由度 2)	(自由度 1, 自由度 2) の F 分布の上側確率が，確率となる x 座標を返す
NORMDIST(x, 平均, 標準偏差, 関数形式)	指定した平均と標準偏差の正規分布の x までの確率か，x での密度関数の値
NORMINV(確率, 平均, 標準偏差)	指定した平均と標準偏差の正規分布の累積確率が，確率となる x 座標を返す
NORMSDIST(x)	標準正規分布の x までの確率か，x での密度関数の値
NORMSINV(確率)	標準正規分布の累積確率が，確率となる x 座標を返す
POISSON(x, 平均, 関数形式)	試行回数のうち，発生数 x である平均のポアソン分布の x まで，または x での確率
TDIST(x, 自由度, 尾部)	自由度の t 分布の x 以上 (尾部=1)，または絶対値が x 以上である確率 (尾部=2)
TINV(確率, 自由度)	自由度の t 分布の両側確率が，確率となる x 座標を返す

	A	B	C
1		上側5%点	1以下の確率
2	標準正規分布 N(0,1)	1.644853	0.84134474
3	χ^2分布 χ^2_3	7.8147247	0.19874804
4	t分布 t_5	2.01504918	0.81839127
5	F分布 $F_{5,8}$	3.68750364	0.5251866
6	二項分布	B(5,0.2)	0.73728
7	ポアソン分布	Po(2)	0.40600585

	A	B	C
1		上側5%点	1以下の確率
2	標準正規分布 N(0,1)	=NORMSINV(0.95)	=NORMSDIST(1)
3	χ^2分布 χ^2_3	=CHIINV(0.05,3)	=1-CHIDIST(1,3)
4	t分布 t_5	=TINV(0.1,5)	=1-TDIST(1,5,1)
5	F分布 $F_{5,8}$	=FINV(0.05,5,8)	=1-FDIST(1,5,8)
6	二項分布	B(5,0.2)	=BINOMDIST(1,5,0.2,1)
7	ポアソン分布	Po(2)	=POISSON(1,2,1)

図 5.8　Excel での分布関数利用例

図 5.8 の左側が計算結果で，右側が入力式である。

その他，ベータ，ガンマ，対数正規分布のパーセント点を与える関数である **BETAINV,GAMMAINV,LOGINV 関数**などがある。

（3）数学/三角関数

次に，Excel でよく用いられる数学関数を表 5.4 にあげておこう。

表 5.4　数学/三角関数

表　記	呼び方	意　味
ABS(x)	絶対値	数値 x の絶対値
ACOS(x)	逆余弦	$\cos^{-1}x$ ($\arccos x$)
ASIN(x)	逆正弦	$\sin^{-1}x$ ($\arcsin x$)
ATAN(x)	逆正接	$\tan^{-1}x$ ($\arctan x$)
COS(x)	余弦	$\cos x$
EXP(x)	指数関数	e^x
FACT(n)	階乗	階乗 ($= n \times (n-1) \times \cdots \times 1$)
LN(x)	自然対数	$\log_e x$ (x >0)
LOG(数値, 底)	与えた底の対数	与えた底の対数を返す
LOG10(x)	常用対数	$\log_{10} x$ (x >0)
MDETERM(配列)	行列式	配列の行列式を返す
MINVERSE(配列)	逆行列	配列の逆行列を返す
MMULT(配列 1, 配列 2)	行列の積	配列 1 の行列と配列 2 の行列の積を返す
MOD(x,y)	剰余	実数 x を y で割った余り
POWER(x,y)	べき乗	x^y
RAND()	乱数	0 以上 1 未満のランダムな数
SIN(x)	正弦	$\sin x$
SQRT(x)	平方根	$\sqrt{x}$
TAN(x)	正接	$\tan x$
TRANSPOSE(配列)	転置行列	配列の行列を転置した行列を返す

	A	B
1	関数	値
2	正弦sin(1)	0.841471
3	指数exp(1)	2.718282
4	階乗5!	120
5	自然対数ln(2)	0.693147
6	べき乗2^3	8
7	平方根√2	1.414214
8		

	A	B
1	関数	値
2	正弦sin(1)	=SIN(1)
3	指数exp(1)	=EXP(1)
4	階乗5!	=FACT(5)
5	自然対数ln(2)	=LN(2)
6	べき乗2^3	=POWER(2,3)
7	平方根√2	=SQRT(2)
8		

図 5.9　Excel での数学関数利用例

図 5.9 の左側が計算結果で，右側が入力式である。

行列同士の和，差，積，転置行列，行列式，逆行列を求める場合は，以下のようにする。行列の**和 (差)** は，同じ位置の各成分同士の和 (差) だから，1 組の対応するセルの和 (差) を定義し，それを他のセルについてコピー (複写) すればよい。

行列の**積**は，数学/三角関数の **MMULT 関数**を利用する。2 つの行列の範囲指定後，[CTRL]+[SHIFT]+[↩]
([CTRL]と[SHIFT]キーを押しながら，[↩]キー ([ENTER]キー) を押す)
によって算出する。以下に，行列の積を求める手順を具体的に書いておこう。

手順 1　出力範囲の左上端のセル位置にカーソルを移動。

手順 2　メニューバーから，以下を逐次選択する。

挿入 (I) → f_x 関数 (F) → 数学/三角関数の MMULT → 配列 1 の範囲指定, 配列 2 の範囲指定 → ♯VALUE! と表示される場合もあるが，気にせず以下を実行する。 → 出力先の範囲指定 → 数式バーを表示させ，= の下のあたりを左クリック → [CTRL]+[SHIFT]+[↩]

行列の**転置**は，検索/行列関数の **TRANSPOSE 関数**を利用する。行列の範囲指定後，[CTRL]+[SHIFT]+[↩]によって算出する。

行列の**行列式**は，数学/三角関数の **MDETERM 関数**を利用する。行列の範囲指定後，[CTRL]+[SHIFT]+[↩]によって算出する。

行列の**逆行列**は，数学/三角関数の **MINVERSE 関数**を利用する。行列の範囲指定後，[CTRL]+[SHIFT]+[↩]によって算出する。**INDEX 関数**の利用法もある。

5．2　VBA の利用

5．2．1　VBE の起動と終了

VBE(Visual Basic Editor) の起動方法は，以下の順にクリックする。

[起動]

Excel の sheet 画面でメニューバーの　ツール (T) のクリック ⟶ マクロ (M) ⟶ Visual Basic Editor(V)

VBE の画面構成 (図 5.10) は：
プロジェクトエクスプローラ, プロパティウィンドウ，コードウィンドウ, Microsoft オブジェクトモジュール，フォームモジュール，標準モジュール, クラスモジュール，オブジェクトブラウザなどから成る。そしてコードはツールバーの ▼ から，標準モジュール (M) を選択して編集状態に入る。

終了

ファイル (F)　⟶　終了して Microsoft Excel へ戻る (C)
または　右上の閉じるボタン ☒ をクリック
Excel 画面に戻るには，左上の Excel ボタンをクリック

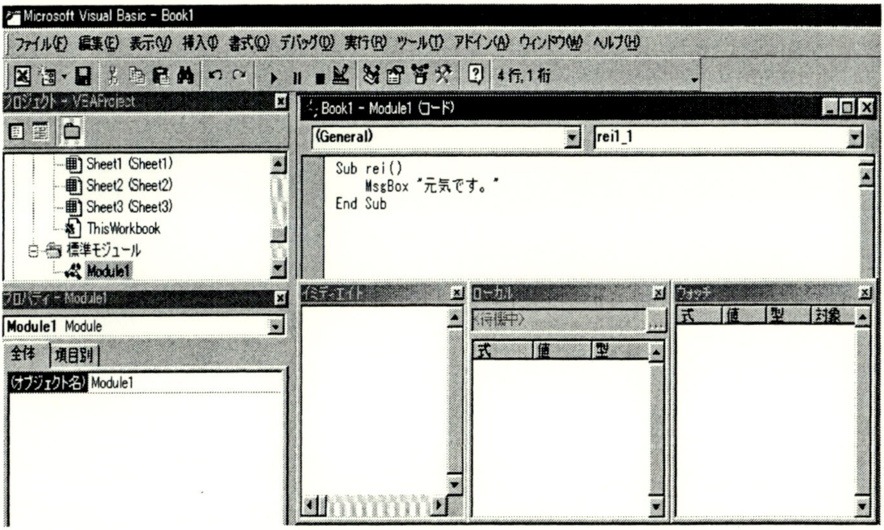

図 5.10　VBE の画面

5.2.2　マクロ (プロシージャ) の記述

マクロ名について

- 使用できる文字は英数字, ひらがな, カタカナ, 漢字, アンダーバー (スコア)
- 数字とアンダーバーは先頭に使えない
- 英字の大文字と小文字は区別されない

- 文字数は半角 255 文字以内
- キーワードと同じ名前は使用できない

```
'プログラムの例　　'で始まる行は注釈行でプログラムの実行に関しては無関係
  Sub rei()　　　'プログラム名が rei であるマクロの始まり
    MsgBox　"元気です"　　'元気ですとボックスへ表示
  End Sub　　　'プログラムの終わり
```

入力

Sub　マクロ名 ↩

とキー入力すると，自動的に () と End Sub が入力される。

そこで，間に　MsgBox　"元気です"　を入力する。

編集

普通，1 行に 1 文 (ステートメント：実行したい内容) を書くが，文をいくつか同時に書く (マルチステートメント) には，各文をコロン (:) で区切る。

長い文を改行して続けたいときは，アンダーライン (_) を改行前の文の最後に記入する。

[例示]

```
Sub baika()                                     'baika というマクロ名のプログラムの
Cells(1,1)="これは品物の定価に対して _          '始まり
売価を計算し表示するプログラムです。"
Cells(1,2)="定価" : X=Cells(1,3)*1.05          'セル (1,2) に定価を代入し，セル (1,3)
                                                'の値に 1.05 を掛けた値を X に代入
Cells(2,2)="売価=" : Cells(2,3)=X               'セル (2,2) に売価=を代入し，セル
                                                '(2,3) に X の値を代入する
End Sub                                         'プログラムの終わりを示す
```
◇

実行

マクロは，文の上から順に実行される。そして，以下のようなマクロを実行する方法がある。

① F5 キーを押す

② ツール　⟶　マクロ　⟶　▶マクロ　⟶　実行するマクロ名を選

択　⟶　実行 (R) をクリック

③ VBE のコードウィンドウ上では　VBE ツールバーの ▶ ボタンをクリックするか，または　メニューバーの　実行　⟶　▶Sub/ユーザーホームの実行をクリック

保存

ファイル (F)　⟶　ファイル名をつけて保存 (S)　⟶　保存先を決め，ファイル名を入力後 OK

ファイルの読み込み

ファイル (F)　⟶　ファイル名を開く (O)　⟶　ファイル名を決め (ファイル名を入力後)OK

エラーとデバッグ

間違いの箇所を訂正後，実行 (R) から ■ リセットをクリックし，実行 (R)

5.2.3　VBA によるプログラミング

我々がプログラムによって結果を得る場合，データ等を入力し，それらを用いて計算等の処理をし，画面に表示等をする出力によって目的が達成される。そこで，これら 3 つの部分 (モジュール) の流れをプログラミングすることが必要となる。そして，それらは図 5.11 のような内容である。

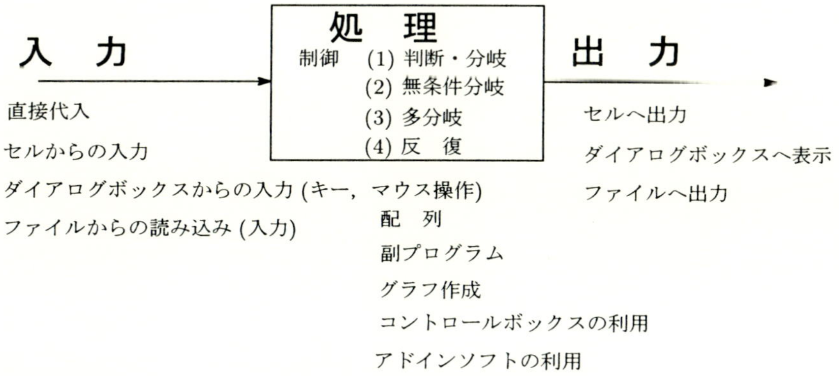

図 5.11　プログラミングの段階

Excel では，ワークシート (のセル) への入出力ができる。実際のプログラミングに関しては，他の本を参照されたい。以下に，簡単な計算のプログラムを載せておこう。

> **例 5-1**(セル同士での計算)　A2 セルに X=，B2 セルに 3，A3 セルに Y=，B3 セルに 2 が入力されているワークシートについて，A4 セルに X+Y=，B4 セルに 3 + 2 の計算結果が表示されるプログラムを作成せよ。

＜プログラム＞	＜説　明＞
Sub rei5-1()	プロシージャ名が rei5-1 である
Cells(2,1)="X=" : Cells(2,2)=3	X=をセル A2，3 をセル B2 に代入
Cells(3,1)="Y=" : Cells(3,2)=2	Y=をセル A3，2 をセル B3 に代入
Cells(4,1)="X+Y="	X+Y=をセル A4 に代入し，
Cells(4,2)=Cells(2,2)+Cells(3,2)	B4 セルに，セル B2 とセル B3 の内容を足した結果を代入
End Sub	プロシージャの終わり

	A	B	C
1			
2	X=	3	
3	Y=	2	
4	X+Y=	5	
5			

図 5.12　例 5-1 の実行結果

5.2.4　VBA(マクロ) の利用 (行列の固有値問題への利用)

表計算ソフト Excel では正方行列を与えて，固有値，固有ベクトルを与える関数が用意されていないため，他のソフトを利用するか，VBA(Visual Basic for Application) によってはマクロを自作することになる。以下に対称行列の場合にヤコビ法により，行列の固有値と固有ベクトルを求める VBA のプログラム (マクロ) を載せておこう。またマクロの入力・実行は，Excel のメニューバーのツール (T) から VBA(マクロ) を選択して行うが，実際に Excel

で 3 次の対称行列 $\begin{pmatrix} 1 & 0 & 1 \\ 0 & 1 & 0 \\ 1 & 0 & 1 \end{pmatrix}$ の固有値と固有ベクトルを求めるマクロの実行方法が図 5.13 のようになる。まず，図 5.13 の上側のように，メニューバーのツールからマクロを選択し，更にマクロを選択する。そして実行するマクロ名として固有値を選び，実行する。そして図 5.13 下側のように，固有値・固有ベクトルを求める行列を範囲指定し，更に出力先を指定した後，実行ボタンをクリックすると結果が得られる。

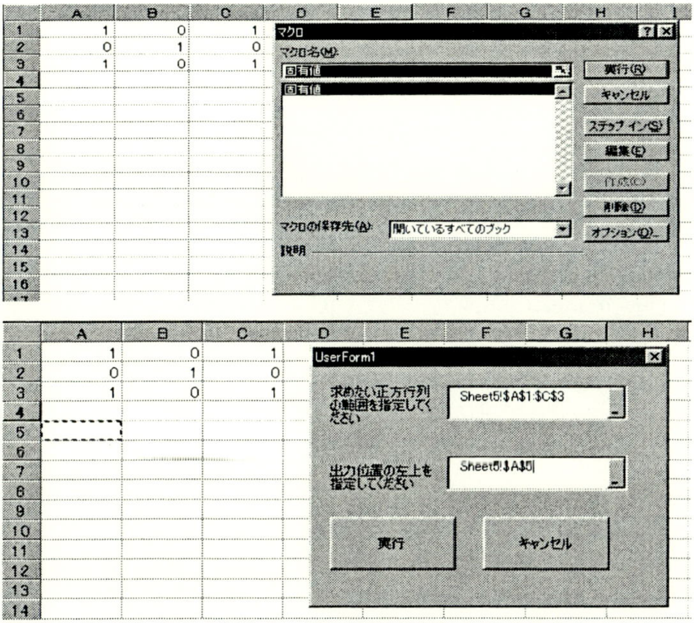

図 5.13 マクロによる固有値・固有ベクトルの導出

そして，実行結果が図 5.14 のようになる。なお，求める固有値の下側の同じ列に上から固有ベクトルが表示される。実際，この行列の固有値は 0,1,2 で，固有ベクトルはそれぞれ $(1/\sqrt{2}, 0, -1/\sqrt{2})^T$, $(0, 1, 0)^T$, $(1/\sqrt{2}, 0, 1/\sqrt{2})^T$ である。

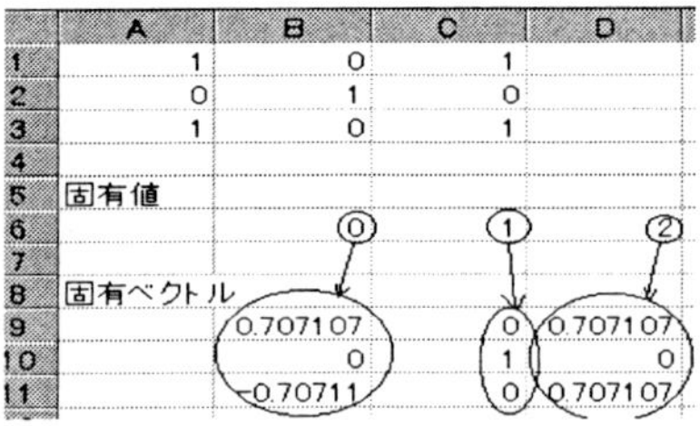

図 5.14 固有値と固有ベクトルの計算結果

また，プログラムのリストを以下に載せておこう。

ヤコビ法による固有値・固有ベクトルの計算プログラム

```
'Module-1
Sub koyuu(INR As String, OUTR As String)
Dim P As Long, col As Integer, row As Integer
Dim VE(50, 50), E(50), R(50, 50) As Double
Dim DR As Range
Set DR = Range(INR)
DR.Select
P = Selection.Rows.Count
P = Selection.Columns.Count
For i = 1 To P:
For j = 1 To P
R(i, j) = Selection.Cells(i, j)
Next j:
Next i
ep = 0.000001
For i = 1 To P:
For j = 1 To P
VE(i, j) = 0
Next j:
VE(i, i) = 1
Next i
HAJIME:
Hreg = −1E+35
For i = 2 To P:
For j = 1 To i − 1
If Abs(R(i, j)) > Hreg Then Hreg = Abs(R(i, j)): NJ = i: NK = j
Next j:
Next i
If Hreg < ep Then GoTo HYOJI
RR = R(NJ, NK)
RJ = R(NJ, NJ)
RK = R(NK, NK)
RP = (RJ + RK) / 2
RM = (RJ − RK) / 2
W = Sqr(RR * RR + RM * RM)
C2 = Abs(RM) / W
S2 = −Sgn(RM) * RR / W
If RM = 0 Then S2 = −1
CC = Sqr((1 + C2) / 2)
SC = S2 / (2 * CC)
For i = 1 To P
RJ = R(i, NJ): RK = R(i, NK)
R(i, NJ) = RJ * CC − RK * SC: R(NJ, i) = R(i, NJ)
R(i, NK) = RJ * SC + RK * CC: R(NK, i) = R(i, NK)
VJ = VE(i, NJ): VK = VE(i, NK)
VE(i, NJ) = VJ * CC − VK * SC: VE(i, NK) = VJ * SC + VK * CC
Next i
W = RM * C2 − RR * S2: R(NJ, NJ) = RP + W: R(NK, NK) = RP − W
R(NJ, NK) = 0: R(NK, NJ) = 0
GoTo HAJIME
HYOJI:
For i = 1 To P: E(i) = R(i, i): Next i
row = Range(OUTR).row
col = Range(OUTR).Column
For i = 1 To P
For j = 1 To P
Cells(row, col) = "固有値"
Cells(row + 1, col + i) = E(i)
Cells(row + 3, col) = "固有ベクトル"
Cells(row + j + 4, col + i) = VE(i, j)
```

```
Next j:
Next i
End Sub
Sub 固有値 ()
UserForm1.Show
End Sub

'UserForm1-1
Private Sub CommandButton2_Click()
Unload UserForm1
End Sub

Private Sub CommandButton1_Click()
Dim INR As String, OUTR As String
INR = UserForm1.RefEdit1.Text
OUTR = UserForm1.RefEdit2.Text
Call koyuu(INR, OUTR)
Unload UserForm1
End Sub

Private Sub RefEdit1_BeforeDragOver
(Cancel As Boolean, ByVal Data As
MSForms.DataObject,
ByVal x As
stdole.OLE_XPOS_CONTAINER,
ByVal y As
stdole.OLE_YPOS_CONTAINER,
ByVal DragState As
MSForms.fmDragState,
Effect As MSForms.fmDropEffect,
ByVal Shift As Integer)
INR = UserForm1.RefEdit1.Text
End Sub

Private Sub RefEdit2_BeforeDragOver
(Cancel As Boolean, ByVal Data As
MSForms.DataObject,
ByVal x As
stdole.OLE_XPOS_CONTAINER,
ByVal y As
stdole.OLE_YPOS_CONTAINER,
ByVal DragState As
MSForms.fmDragState,
Effect As MSForms.fmDropEffect,
ByVal Shift As Integer)
OUTR = UserForm1.RefEdit2.Text
End Sub
```

5.3　表計算ソフト Excel の適用

以下に表計算ソフト Excel(エクセル) を利用して，(1) 基本統計量等の計算，(2) 本文中の例での計算を実行してみよう。

5.3.1 基本統計量等の計算

まず，データから平均，平方和・偏差積和を求めてみよう。図 5.15 の B2~B7, C2~C7 番地のデータについて，図 5.15 の下側のような数式を入力して計算する。上側の図が計算結果で，下側の図が実際に入力する数式を表示している。更に後半では，行列の転置，逆行列，行列同士の積を求めた結果を示している。コピー (複写) 機能をうまく使って，計算をスムーズに行える。以下に手順を示そう。

手順 1　データ入力

A2~A9,B1~F1 番地の文字と，No および B2~B7,C2~C7 番地の数値データを入力する。

手順 2　計算式の入力

D2 番地に = 入力後，B2 番地をクリック後，∗を入力し，C2 番地をクリック後，ENTER キー(↩) を入力する。同様に E2 番地，F2 番地を入力する。B8 番地をアクティブにした状態で，ツールバーの Σ 記号のところをクリックするか，= と入力後 SUM(B2:B7) を直接入力してもよい。B9 番地に =AVERAGE(B2:B7) を入力する。B12 番地に =D8−B8∗B8/6 を入力，D11 番地に =F8−B8∗C8/6 を入力する。

手順 3　同じ計算についてコピー (複写)

D2~F2 番地を D3~F7 番地にコピーする。同様に，B8 を C9~C12 に，B9 番地を C9~F9 番地，B11 番地を C11 番地にコピーする。

手順 4　行列 A,B の値がある C12~D13 番地，F12~H13 番地にある数値を入力する。

手順 5　転置，行列の積，逆行列の関数を入力し，範囲指定をする。

	A	B	C	D	E	F	G	H
1	No	x	y	x^2	y^2	xy		
2	1	1	10	1	100	10		
3	2	2	9	4	81	18		
4	3	3	8	9	64	24		
5	4	4	7	16	49	28		
6	5	5	6	25	36	30		
7	6	6	5	36	25	30		
8	和	21	45	91	355	140		
9	平均	3.5	7.5					
10	偏差平方和	Sxx	Syy	Sxy				
11		17.5	17.5	−17.5				
12								
13	行列	A	1	2	B	1	2	3
14			3	4		4	5	6
15								
16	転置	A^T	1	3	B^T	1	4	
17			2	4		2	5	
18						3	6	
19								
20	行列の積	AB	9	12	15			
21			19	26	33			
22								
23	逆行列	A^(−1)	−2	1				
24			1.5	−0.5				

	A	B	C	D	E	
1	No	x	y	x^2	y^2	xy
2	1	1	10	=B2*B2	=C2*C2	=+B2›
3	2	2	9	=B3*B3	=C3*C3	=+B3›
4	3	3	8	=B4*B4	=C4*C4	=+B4›
5	4	4	7	=B5*B5	=C5*C5	=+B5›
6	5	5	6	=B6*B6	=C6*C6	=+B6›
7	6	6	5	=B7*B7	=C7*C7	=+B7›
8	和	=SUM(B2:B7)	=SUM(C2:C7)	=SUM(D2:D7)	=SUM(E2:E7)	=SUM
9	平均	=AVERAGE(B2:B7)	=AVERAGE(C2:C7)			
10	偏差平方和	Sxx	Syy	Sxy		
11		=D8−B8*B8/6	=E8−C8*C8/6	=F8−B8*C8/6		
12						
13	行列	A	1	2	B	1
14			3	4		4
15						
16	転置	A^T	=TRANSPOSE(C13:D14)	=TRANSPOSE(C13:D14)	B^T	=TRA
17			=TRANSPOSE(C13:D14)	=TRANSPOSE(C13:D14)		=TRA
18						=TRA
19						
20	行列の積	AB	=MMULT(C13:D14,F13:H14)	=MMULT(C13:D14,F13:H14)	=MMULT(C13:D14,F13:H14)	
21			=MMULT(C13:D14,F13:H14)	=MMULT(C13:D14,F13:H14)	=MMULT(C13:D14,F13:H14)	
22						
23	逆行列	A^(−1)	=MINVERSE(C13:D14)	=MINVERSE(C13:D14)		
24			=MINVERSE(C13:D14)	=MINVERSE(C13:D14)		

図 5.15　Excel での基本計算例 (和, 平均, 平方和, 行列での転置, 逆, 積)

5.3.2 本文中の例での計算

次に，実際に本文中の例について計算してみよう。例 1-3(p.19) を Excel で計算した結果が，図 5.16 である。図 5.16 の上側の図が計算した値であり，下側の図が計算式を表示している。

例 1-3(相関行列)

	A	B	C	D	E	F	G	H	I	J
1	No	x1	x2	x3	x1^2	x2^2	x3^2	x1x2	x1x3	x2x3
2	1	68	72	48	4624	5184	2304	4896	3264	3456
3	2	78	90	52	6084	8100	2704	7020	4056	4680
4	3	57	60	83	3249	3600	6889	3420	4731	4980
5	4	48	76	68	2304	5776	4624	3648	3264	5168
6	計	251	298	251	16261	22660	16521	18984	15315	18284
7	平均	62.75	74.5	62.75						
8										
9	平方和	S11	S22	S33	S12	S13	S23			
10		510.75	459	770.75	284.5	−435.25	−415.5			
11										
12	分散行列	V11	V22	V33	V12	V13	V23			
13		170.25	153	256.917	94.833	−145.08	−138.5			
14										
15	相関係数	r12	0.5876							
16		r13	−0.694							
17		r23	−0.699							

	A	B	C	D	E	F	G	H
1	No	x1	x2	x3	x1^2	x2^2	x3^2	x1x2
2	1	68	72	48	=+B2*B2	=+C2*C2	=+D2*D2	=+B2*C2
3	2	78	90	52	=+B3*B3	=+C3*C3	=+D3*D3	=+B3*C3
4	3	57	60	83	=+B4*B4	=+C4*C4	=+D4*D4	=+B4*C4
5	4	48	76	68	=+B5*B5	=+C5*C5	=+D5*D5	=+B5*C5
6	計	=SUM(B2:B5)	=SUM(C2:C5)	=SUM(D2:D5)	=SUM(E2:E5)	=SUM(F2:F5)	=SUM(G2:G5)	=SUM(H2
7	平均	=+B6/4	=+C6/4	=+D6/4				
8								
9	平方和	S11	S22	S33	S12	S13	S23	
10		=+E6-B6*B6/4	=+F6-C6*C6/4	=+G6-D6*D6/4	=+H6-B6*C6/4	=+I6-B6*D6/4	=+J6-C6*D6/4	
11								
12	分散行列	V11	V22	V33	V12	V13	V23	
13		=B10/3	=C10/3	=D10/3	=E10/3	=F10/3	=G10/3	
14								
15	相関係数	r12	=E10/SQRT(B10)/SQRT(C10)					
16		r13	=F10/SQRT(B10)/SQRT(D10)					
17		r23	=G10/SQRT(C10)/SQRT(D10)					

図 5.16 Excel での解析 1(例 1-3)

次に，平均を求めておいて偏差について積和を求め，分散相関行列を求めると，図 5.17 のようである。紙面の都合で，途中で折り返している。

	A	B	C	D	E	F	G	H
1	No	x1	x2	x3	x1-m(x1)	x2-m(x2)	x3-m(x3)	(x1-m(x1))^2
2	1	68	72	48	5.25	-2.5	-14.75	27.5625
3	2	78	90	52	15.25	15.5	-10.75	232.5625
4	3	57	60	83	-5.75	-14.5	20.25	33.0625
5	4	48	76	68	-14.75	1.5	5.25	217.5625
6	計	251	298	251	0	0	0	510.75
7	平均	62.75	74.5	62.75				S11

	I	J	K	L	M
1	(x2-m(x2))^2	(x3-m(x3))^2	(x1-m(x1))(x2-m(x2))	(x1-m(x1))(x3-m(x3))	(x2-m(x2))(x3-m(x3))
2	6.25	217.5625	-13.125	-77.4375	36.875
3	240.25	115.5625	236.375	-163.9375	-166.625
4	210.25	410.0625	83.375	-116.4375	-293.625
5	2.25	27.5625	-22.125	-77.4375	7.875
6	459	770.75	284.5	-435.25	-415.5
7	S22	S33	S12	S13	S23

	A	B	C	D	E	F	G	H
1	No	x1	x2	x3	x1-m(x1)	x2-m(x2)	x3-m(x3)	(x1-m(x1))^2
2	1	68	72	48	=B2-B$7	=C2-C$7	=D2-D$7	=E2*E2
3	2	78	90	52	=B3-B$7	=C3-C$7	=D3-D$7	=E3*E3
4	3	57	60	83	=B4-B$7	=C4-C$7	=D4-D$7	=E4*E4
5	4	48	76	68	=B5-B$7	=C5-C$7	=D5-D$7	=E5*E5
6	計	=SUM(B2:B5)	=SUM(C2:C5)	=SUM(D2:D5)	=SUM(E2:E5)	=SUM(F2:F5)	=SUM(G2:G5)	=SUM(H2:H5)
7	平均	=+B6/4	=+C6/4	=+D6/4				S11

	I	J	K	L	M
1	(x2-m(x2))^2	(x3-m(x3))^2	(x1-m(x1))(x2-m(x2))	(x1-m(x1))(x3-m(x3))	(x2-m(x2))(x3-m(x3))
2	=F2*F2	=G2*G2	=E2*F2	=E2*G2	=F2*G2
3	=F3*F3	=G3*G3	=E3*F3	=E3*G3	=F3*G3
4	=F4*F4	=G4*G4	=E4*F4	=E4*G4	=F4*G4
5	=F5*F5	=G5*G5	=E5*F5	=E5*G5	=F5*G5
6	=SUM(I2:I5)	=SUM(J2:J5)	=SUM(K2:K5)	=SUM(L2:L5)	=SUM(M2:M5)
7	S22	S33	S12	S13	S23

図 5.17　Excel での解析 2(例 1-3)

また，DEVSQ 関数，VAR 関数，CORREL 関数を用いて平方和，分散，相関行列を計算した結果が図 5.18 のようになる。

	A	B	C	D	E	F	G
1	No	x1	x2	x3			
2	1	68	72	48			
3	2	78	90	52			
4	3	57	60	83			
5	4	48	76	68			
6	計	251	298	251			
7	平均	62.75	74.5	62.75			
8							
9	平方和	S11	S22	S33	S12	S13	S23
10		510.75	459	770.75	284.5	−435.25	−415.5
11							
12	分散行列	V11	V22	V33	V12	V13	V23
13		170.25	153	256.9167	94.83333	−138.5	−138.5
14							
15	相関行列	r12	r13	r23			
16		0.587586	−0.69371	−0.69857			

	A	B	C	D	E	
1	No	x1	x2	x3		
2	1	68	72	48		
3	2	78	90	52		
4	3	57	60	83		
5	4	48	76	68		
6	計	=SUM(B2:B5)	=SUM(C2:C5)	=SUM(D2:D5)		
7	平均	=+B6/4	=+C6/4	=+D6/4		
8						
9	平方和	S11	S22	S33	S12	S13
10		=DEVSQ(B2:B5)	=DEVSQ(C2:C5)	=DEVSQ(D2:D5)	=COVAR(B2:B5,C2:C5)*4	=COVAR(B2:
11						
12	分散行列	V11	V22	V33	V12	V13
13		=VAR(B2:B5)	=VAR(C2:C5)	=VAR(D2:D5)	=COVAR(B2:B5,C2:C5)*4/3	=COVAR(C2:
14						
15	相関行列	r12	r13	r23		
16		=CORREL(B2:B5,C2:C5)	=CORREL(B2:B5,D2:D5)	=CORREL(C2:C5,D2:D5)		

図 5.18　Excel での解析 3(例 1-3)

例 1-4(散布図，p.33)

	B	C	D	E	F
1	x	y	xy	x^2	y^2
2	57	64	3648	3249	4096
3	71	73	5183	5041	5329
4	87	76	6612	7569	5776
5	88	84	7392	7744	7056
6	83	93	7719	6889	8649
7	89	80	7120	7921	6400
8	81	88	7128	6561	7744
9	93	94	8742	8649	8836
10	76	73	5548	5776	5329
11	79	75	5925	6241	5625
12	89	76	6764	7921	5776
13	91	91	8281	8281	8281
14	984	967	80062	81842	78897
15	768				
16	1154	33.97058			
17	972.9167	31.19161			
18	0.724804				
19					

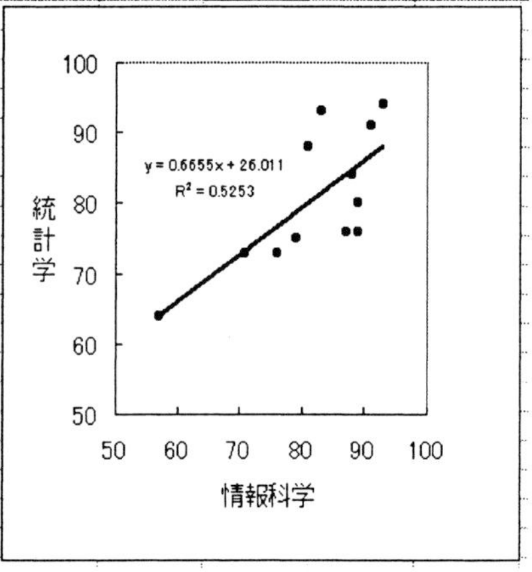

	A	B	C	D	E	F
1	No	x	y	xy	x^2	y^2
2	1	57	64	=+B2*C2	=+B2*B2	=+C2*C2
3	2	71	73	=+B3*C3	=+B3*B3	=+C3*C3
4	3	87	76	=+B4*C4	=+B4*B4	=+C4*C4
5	4	88	84	=+B5*C5	=+B5*B5	=+C5*C5
6	5	83	93	=+B6*C6	=+B6*B6	=+C6*C6
7	6	89	80	=+B7*C7	=+B7*B7	=+C7*C7
8	7	81	88	=+B8*C8	=+B8*B8	=+C8*C8
9	8	93	94	=+B9*C9	=+B9*B9	=+C9*C9
10	9	76	73	=+B10*C10	=+B10*B10	=+C10*C10
11	10	79	75	=+B11*C11	=+B11*B11	=+C11*C11
12	11	89	76	=+B12*C12	=+B12*B12	=+C12*C12
13	12	91	91	=+B13*C13	=+B13*B13	=+C13*C13
14	計	=SUM(B2:B13)	=SUM(C2:C13)	=SUM(D2:D13)	=SUM(E2:E13)	=SUM(F2:F13)
15	rの分子	=+D14-B14*C14/12				
16	S(x,x)	=+E14-B14*B14/12	=+SQRT(B16)			
17	S(y,y)	=+F14-C14*C14/12	=+SQRT(B17)			
18	r	=+B15/C16/C17				

図 5.19　Excel での解析例 (例 1-4)

図 5.19 は例 1-4 について解析した例である。相関係数を計算し，散布図を描いたものである。情報科学を説明変数とした回帰モデルが仮定できる場合の回帰式も描いている。

例 3-1(p.122)

手順 1　データから平均, 偏差平方和, 更に分散行列を求めると，図 5.20 のようになる。上側が計算結果で，下側が実際の入力式である。

	A	B	C	D	E	F
1	No	x1	x2	x1^2	x2^2	x1 x2
2	1	2.56	1.71	6.5536	2.9241	4.3776
3	2	1.89	2.14	3.5721	4.5796	4.0446
4	3	2.33	2.29	5.4289	5.2441	5.3357
5	4	2.22	1.86	4.9284	3.4596	4.1292
6	5	2.22	1.71	4.9284	2.9241	3.7962
7	6	2.56	1.65	6.5536	2.7225	4.224
8	7	1.56	2	2.4336	4	3.12
9	8	1.44	2	2.0736	4	2.88
10	合計	16.78	15.36	36.4722	29.854	31.9073
11	平均	2.0975	1.92			
12						
13	平方和	S11	S22	S12		
14		1.27615	0.3628	-0.3103		
15						
16	不偏分散	V11	V22	V12		
17		0.182307	0.051829	-0.04433		
18						
19	分散行列(V)	0.1823	-0.0443			
20		-0.0443	0.0518			

	A	B	C	D	E	F
1	No	x1	x2	x1^2	x2^2	x1 x2
2	1	2.56	1.71	=+B2*B2	=+C2*C2	=+B2*C2
3	=A2+1	1.89	2.14	=+B3*B3	=+C3*C3	=+B3*C3
4	=A3+1	2.33	2.29	=+B4*B4	=+C4*C4	=+B4*C4
5	=A4+1	2.22	1.86	=+B5*B5	=+C5*C5	=+B5*C5
6	=A5+1	2.22	1.71	=+B6*B6	=+C6*C6	=+B6*C6
7	=A6+1	2.56	1.65	=+B7*B7	=+C7*C7	=+B7*C7
8	=A7+1	1.56	2	=+B8*B8	=+C8*C8	=+B8*C8
9	=A8+1	1.44	2	=+B9*B9	=+C9*C9	=+B9*C9
10	合計	=SUM(B2:B9)	=SUM(C2:C9)	=SUM(D2:D9)	=SUM(E2:E9)	=SUM(F2:F9)
11	平均	=B10/8	=C10/8			
12						
13	平方和	S11	S22	S12		
14		=D10-B10*B10/8	=E10-C10*C10/8	=F10-B10*C10/8		
15						
16	不偏分散	V11	V22	V12		
17		=B14/7	=C14/7	=D14/7		
18						
19	分散行列(V)	0.1823	-0.0443			
20		-0.0443	0.0518			

図 5.20　基本統計量の計算 (例 3-1)

手順2　固有値，固有ベクトルを求める。ヤコビ法による固有値マクロにより，手順1で求めた分散行列の固有値，固有ベクトルを求めると，以下のようになる。

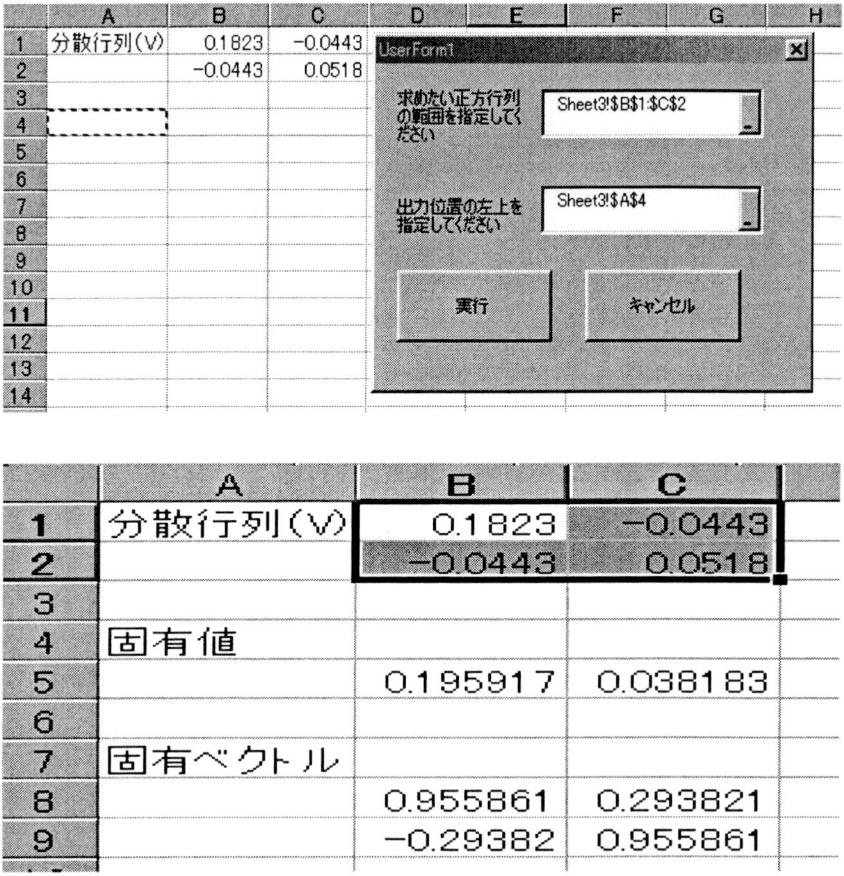

図 5.21　固有値・固有ベクトル (例 3-1)

手順 3　主成分を求め，更に主成分負荷量, 寄与率等から主成分の解釈をする。

	A	B	C	D	E	F
1	固有値					
2		0.195917	0.038183			
3						
4	固有ベクトル			分散行列(V)		
5		0.955861	0.293821		0.1823	−0.0443
6		−0.29382	0.955861		−0.0443	0.0518
7						
8	主成分寄与率					
9	第1主成分	0.836896				
10	第2主成分	0.163104				
11						
12	主成分負荷量					
13		x1	x2			
14	f1	r(f1,x1)	r(f1,x2)			
15	f2	r(f2,x1)	r(f2,x2)			
16						
17		x1	x2			
18	f1	0.990918	−0.57142			
19	f2	0.134469	0.820659			
20						

	A	B	C	D	E	F
1	固有値					
2		0.195917309450748	0.0381826905492523			
3						
4	固有ベクトル			分散行列(V)		
5		0.955860603896165	0.293820533522182		0.1823	−0.0443
6		−0.293820533522182	0.955860603896165		−0.0443	0.0518
7						
8	主成分寄与率					
9	第1主成分	=B2/(B2+C2)				
10	第2主成分	=1−B9				
11						
12	主成分負荷量					
13		x1	x2			
14	f1	r(f1,x1)	r(f1,x2)			
15	f2	r(f2,x1)	r(f2,x2)			
16						
17		x1	x2			
18	f1	=SQRT(B2)*B5/SQRT(E5)	=SQRT(B2)*B6/SQRT(F6)			
19	f2	=SQRT(C2)*C5/SQRT(E5)	=SQRT(C2)*C6/SQRT(F6)			
20						

図 5.22　主成分負荷量 (例 3-1)

手順4 個々のサンプルの主成分得点を求め，散布図を作成し，解釈をする。

	A	B	C	D	E
21	主成分得点				
22	No	x1	x2	第1主成分得点	第2主成分得点
23	1	2.56	1.71	0.503787841	−0.06483873
24	2	1.89	2.14	−0.262981593	0.149321572
25	3	2.33	2.29	0.113523993	0.421981697
26	4	2.22	1.86	0.134722156	−0.021358621
27	5	2.22	1.71	0.178795236	−0.164737711
28	6	2.56	1.65	0.521417073	−0.122190366
29	7	1.56	2	−0.537280717	−0.081459688
30	8	1.44	2	−0.65198399	−0.116718152
31	合計	16.78	15.36	0	−1.16573E−15
32	平均	2.0975	1.92		

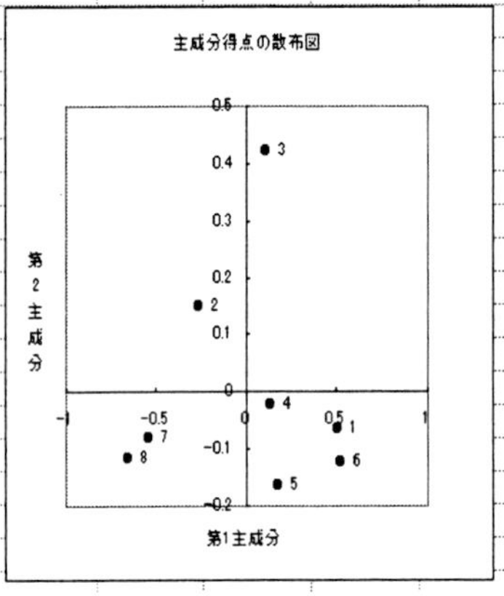

	A	B	C	D	E
21	主成分得点				
22	No	x1	x2	第1主成分得点	第2主成分得点
23	1	2.56	1.71	=$B$5*(B23-$B$32)+$B$6*(C23-$C$32)	=$C$5*(B23-$B$32)+$C$6*(C23-$C$32)
24	=A23+1	1.89	2.14	=$B$5*(B24-$B$32)+$B$6*(C24-$C$32)	=$C$5*(B24-$B$32)+$C$6*(C24-$C$32)
25	=A24+1	2.33	2.29	=$B$5*(B25-$B$32)+$B$6*(C25-$C$32)	=$C$5*(B25-$B$32)+$C$6*(C25-$C$32)
26	=A25+1	2.22	1.86	=$B$5*(B26-$B$32)+$B$6*(C26-$C$32)	=$C$5*(B26-$B$32)+$C$6*(C26-$C$32)
27	=A26+1	2.22	1.71	=$B$5*(B27-$B$32)+$B$6*(C27-$C$32)	=$C$5*(B27-$B$32)+$C$6*(C27-$C$32)
28	=A27+1	2.56	1.65	=$B$5*(B28-$B$32)+$B$6*(C28-$C$32)	=$C$5*(B28-$B$32)+$C$6*(C28-$C$32)
29	=A28+1	1.56	2	=$B$5*(B29-$B$32)+$B$6*(C29-$C$32)	=$C$5*(B29-$B$32)+$C$6*(C29-$C$32)
30	=A29+1	1.44	2	=$B$5*(B30-$B$32)+$B$6*(C30-$C$32)	=$C$5*(B30-$B$32)+$C$6*(C30-$C$32)
31	合計	=SUM(B23:B30)	=SUM(C23:C30)	=SUM(D23:D30)	=SUM(E23:E30)
32	平均	=B31/8	=C31/8		

図 5.23 主成分得点の散布図 (例 3-1)

例 4-1(p.144)

	A	B	C	D	E	F	G
1	No	x1	x2	x1^2	x2^2	f1（判別得点）	f2（判別得点）
2	1	97	69	9409	4761	4.61239355	-1.6639102
3	2	83	74	6889	5476	1.47424168	-0.54314167
4	3	85	70	7225	4900	1.92254909	-1.43975649
5	4	85	65	7225	4225	1.92254909	-2.56052502
6	5	75	45	5625	2025	-0.318988	-7.04359913
7	6	77	68	5929	4624	0.12931945	-1.8880639
8	7	78	70	6084	4900	0.35347315	-1.43975649
9	8	92	59	8464	3481	3.49162503	-3.90544725
10	9	81	60	6561	3600	1.02593427	-3.68129355
11	10	93	73	8649	5329	3.71577873	-0.76729538
12	11	96	84	9216	7056	4.38823985	1.698395383
13	12	76	0	5776	0	-0.0948343	
14	13	98	0	9604	0	4.83654726	
15	計	1116	737	96656	50377	11	10
16						正の個数	負の個数
17	x1 bar	85.84615					
18	x2bar	67					
19	S1	851.6923	V1	70.97436			
20	S2	998	V2	99.8		判別結果	
21	F0=V2/V1	1.406142			1 群	2 群	誤判別の確率
22	F(10,12;0.025)	3.373543		1 群	11	2	0.153846154
23	等分散でないとはいえない。			2 群	1	10	0.090909091
24	等分散とみなしてプールした分散Vは			V=	84.07692		
25	判別関数 f は	f=	0.224154	*x	-17.1305		

	A	B	C	D	E	F	G
1	No	x1	x2	x1^2	x2^2	f1(判別得点)	f2(判別得点)
2	1	97	69	=+B2*B2	=+C2*C2	=B2*$C$25+$E$25	=C2*$C$25+$E$25
3	=A2+1	83	74	=+B3*B3	=+C3*C3	=B3*$C$25+$E$25	=C3*$C$25+$E$25
4	=A3+1	85	70	=+B4*B4	=+C4*C4	=B4*$C$25+$E$25	=C4*$C$25+$E$25
5	=A4+1	85	65	=+B5*B5	=+C5*C5	=B5*$C$25+$E$25	=C5*$C$25+$E$25
6	=A5+1	75	45	=+B6*B6	=+C6*C6	=B6*$C$25+$E$25	=C6*$C$25+$E$25
7	=A6+1	77	68	=+B7*B7	=+C7*C7	=B7*$C$25+$E$25	=C7*$C$25+$E$25
8	=A7+1	78	70	=+B8*B8	=+C8*C8	=B8*$C$25+$E$25	=C8*$C$25+$E$25
9	=A8+1	92	59	=+B9*B9	=+C9*C9	=B9*$C$25+$E$25	=C9*$C$25+$E$25
10	=A9+1	81	60	=+B10*B10	=+C10*C10	=B10*$C$25+$E$25	=C10*$C$25+$E$25
11	=A10+1	93	73	=+B11*B11	=+C11*C11	=B11*$C$25+$E$25	=C11*$C$25+$E$25
12	=A11+1	96	84	=+B12*B12	=+C12*C12	=B12*$C$25+$E$25	=C12*$C$25+$E$25
13	=A12+1	76	0	=+B13*B13	0	=B13*$C$25+$E$25	
14	=A13+1	98	0	=+B14*B14	0	=B14*$C$25+$E$25	
15	計	=SUM(B2:B14)	=SUM(C2:C14)	=SUM(D2:D14)	=SUM(E2:E14)	=COUNTIF(F2:F14,">0")	=COUNTIF(G2:G12,"<0")
16						正の個数	負の個数
17	x1bar	=+B15/13					
18	x2bar	=+C15/11					
19	S1	=+D15-B15*B15/13	V1	=+B19/12			
20	S2	=+E15-C15*C15/11	V2	=+B20/10		判別結果	
21	F0=V2/V1	=D20/D19			1群	2群	誤判別の確率
22	F(10,12;0.025)	=FINV(0.025,10,12)		1群	11	2	=F22/(E22+F22)
23	等分散でないと			2群	1	10	=E23/(E23+F23)
24	等分散とみなし			V=	=(B19+B20)/(13+11-2)		
25	判別関数 f は	f=	=(B17-B18)/E24	*x	=-C25*(B17+B18)/2		

図 5.24　　Excel での解析例 (例 4-1)

参　考　文　献

本書を著すにあたっては, 多くの本・事典などを参考にさせていただきました。また, 一部を引用させていただきました。ここに心から感謝いたします。以下に, 身近にあるいくつかの文献をあげさせていただきます。

[1] 朝野 熙彦：入門多変量解析の実際, 講談社 (1996)
[2] 有馬 哲・石村 貞夫：多変量解析のはなし, 東京図書 (1987)
[3] 井上 勝雄：多変量解析の考え方, 筑波出版会 (1998)
[4] 圓川 隆夫：多変量のデータ解析, 朝倉書店 (1988)
[5] 大澤 清二・稲垣 敦・菊田 文夫：生活科学のための多変量解析, 家政教育社 (1992)
[6] 大野 高裕：多変量解析入門, 同友館 (1998)
[7] 丘本 正：因子分析の基礎, 日科技連 (1986)
[8] 奥野 忠一・芳賀 敏郎・久米 均・吉澤 正：多変量解析法, 日科技連 (1971)
[9] 香川 芳子監修：毎日の食事のカロリーガイドブック, 女子栄養大学出版部 (1993)
[10] 河口 至商：多変量解析入門 I / II, 森北出版 (1973/1978)
[11] 菅 民郎：多変量解析の実践 (上)/(下), 現代数学社 (1993/1993)
[12] 木下 栄蔵：わかりやすい数学モデルによる多変量解析入門, 近代科学社 (1986)
[13] 久米 均・飯塚 悦功：回帰分析, 岩波書店 (1987)
[14] 栗原 考次：データとデータ解析, 放送大学教育振興会 (1996)
[15] 塩谷 實：多変量解析概論, 朝倉書店 (1990)
[16] 清水 功次：マーケティングのための多変量解析, 産能大学出版部 (1998)
[17] 新 QC 七つ道具研究会編：やさしい新 QC 七つ道具, 日科技連 (1984)
[18] 杉原 敏夫・藤田 渉：多変量解析, 牧野書店 (1998)
[19]「大学別冊」編集室：'96 大学ランキング, 朝日新聞社 (1995)
[20] 竹内 清・佃 良彦：経営統計学, 有斐閣 (1990)
[21] 田中 豊・垂水 共之編：統計解析ハンドブック, 多変量解析, 共立出版 (1995)
[22] 田中 豊・脇本 和昌：多変量統計解析法, 現代数学社 (1983)
[23] 中谷 和夫：多変量統計解析, 新曜社 (1978)
[24] 永田 靖・棟近 雅彦：多変量解析法入門, サイエンス社 (2001)
[25] 日本科学技術研修所：JUSE-MA による多変量解析, 日科技連 (1997)
[26] 藤沢 偉作：多変量解析法, 現代数学社 (1985)
[27] 細谷 克也：QC 七つ道具, 日科技連 (1982)
[28] 本多 正久・島田 一明：経営のための多変量解析, 産業能率短期大学出版 (1977)
[29] 松原 望：統計の考え方 (改訂版), 日本放送出版協会 (2000)
[30] 水野 欽司：多変量データ解析講義, 朝倉書店 (1996)
[31] 三土 修平：初歩からの多変量解析, 日本評論社 (1995)
[32] 守口 栄一・井口 晴弘：多変量解析とコンピュータプログラム, 日刊工業新聞社 (1972)
[33] 柳井 晴夫・繁桝 算男・前川 眞一・市川 雅教：因子分析, 朝倉書店 (1990)
[34] 柳井 晴夫・高木 廣文：多変量解析ハンドブック, 現代数学社 (1991)
[35] 柳井 晴夫・高根 芳雄：新版 多変量解析法, 朝倉書店 (1985)
[36] 山内 二郎編：統計数値表, 日本規格協会 (1972)

演　略　解

1章

演 1-1,1-2 省略。**演 1-3** $n=10, p=4$,

$$\boldsymbol{x}=(14.47, 3.83, 12.34, 4.75)^T$$

$$S=\begin{pmatrix} 46.08 & 18.41 & 28.88 & 2.855 \\ & 33.20 & -13.10 & -7.605 \\ & & 73.60 & 16.81 \\ sym. & & & 7.225 \end{pmatrix}$$

$$V=\begin{pmatrix} 5.120 & 2.045 & 3.209 & 0.3172 \\ & 3.689 & -1.456 & -0.845 \\ & & 8.178 & 1.868 \\ sym. & & & 0.8028 \end{pmatrix}$$

$$R=\begin{pmatrix} 1 & 0.471 & 0.496 & 0.156 \\ & 1 & -0.265 & -0.491 \\ & & 1 & 0.729 \\ sym. & & & 1 \end{pmatrix}$$

演 1-4 ① $(a,b)\boldsymbol{w}=0$ より，$\boldsymbol{w}=(-b,a)^T$ ととれる。そこで $t_0=\dfrac{\boldsymbol{w}^T\boldsymbol{x}_0}{\|\boldsymbol{w}\|^2}=\dfrac{-bx_0+ay_0}{b^2+a^2}$ から $\|\boldsymbol{x}_0-t_0\boldsymbol{w}\|=\left\|\dfrac{ax_0+by_0}{a^2+b^2}(a,b)^T\right\|$ $=\dfrac{|ax_0+by_0|}{\sqrt{a^2+b^2}}$　②も同様

演 1-5 ① $u(0.02)=2.326$　② $u(0.05)=1.96$ ③ $-u(0.20)=-1.282$

演 1-6 本人を x_1, 父親を x_2, 母親を x_3 とする。$r_{12}=0.5904$, $|t_0|=3.940$, $r_{13}=0.5928$, $|t_0|=3.963>t(29,0.05)=2.045$ より，相関がいずれもある。

演 1-7 $r=0.7522$,
$u_0=\sqrt{n-3}\left(z-\dfrac{1}{2}\ln\dfrac{1+0.5}{1-0.5}\right)$
$=\sqrt{12-3}\dfrac{1}{2}\ln\dfrac{0.5(1+r)}{1.5(1-r)}=1.286$
$<u(0.10)=1.645$，から有意水準 10%で異なるとはいえない。

演 1-8 男子学生と父親との相関係数は，$r_1=0.5904, z_1=0.678$, 女子学生と母親との相関係数は，$r_2=0.7522, z_1=0.9779$ である。そこで，$|u_0|=\dfrac{|z_1-z_2|}{\sqrt{\dfrac{1}{n_1-3}+\dfrac{1}{n_2-3}}}$
$=|-0.7818|<1.645=u(0.10)$ より，差があるとはいえない。

演 1-9 $r=0.5904$ より，$z=\dfrac{1}{2}\ln\dfrac{1+r}{1-r}$
$=0.5\ln\dfrac{1.5904}{0.4096}=0.6783$ で，90%の信頼区間幅は $\dfrac{u(0.10)}{\sqrt{n-3}}=\dfrac{1.645}{\sqrt{31-3}}=0.3109$ より，$\zeta_L,\zeta_U=0.6783\pm0.3109=0.3674\sim0.9892$ だから $\rho_L=0.3517, \rho_U=0.7570$

2章

演 2-1 $y=-851.9+101.6x$

演 2-2 $y=4.080+0.5775x$

演 2-3 $R^2=0.9924$(演 2-1), 0.5889(演 2-2)

演 2-4 $R^2=0.3455$(打率), 0.8788(得/失点)

演 2-5 ① $y=1.32+0.787x$ ② $\mathrm{H_0}{:}\beta_1=0, \mathrm{H_1}{:}\beta_1\neq0$ の検定で，$|t_0|=7.495>t(6,0.01)=3.707$ より β_1 は 0 ではない。③ 回帰係数 β_1 の 99%信頼区間は，$0.398<\beta_1<1.176$ ④ $x=x_0=100$ における f_0 点推定は，$\widehat{f_0}=80.02$。95%信頼区間は，$64.33<f_0<95.71$ ⑤ $x=x_0=100$ におけるデータ y_0 の予測値は $\widehat{y_0}=80.02$，また y_0 の 95%信頼区間は，$66.46<y_0<93.58$

演 2-6 $y=1.465+0.997x$

演 2-7 $S^{-1} = \frac{1}{16-15}\begin{pmatrix} 8 & -3 \\ -5 & 2 \end{pmatrix} = \begin{pmatrix} 8 & -3 \\ -5 & 2 \end{pmatrix} = \begin{pmatrix} S^{11} & S^{12} \\ S^{21} & S^{22} \end{pmatrix}$, $S_{\boldsymbol{y}} = \begin{pmatrix} 2 \\ 4 \end{pmatrix}$, $\widehat{\beta}_1 = S^{11}S_{1y} + S^{12}S_{2y} = 8\times 2 + (-3)\times 4 = 4$, $\widehat{\beta}_2 = S^{21}S_{1y} + S^{22}S_{2y} = (-5)\times 2 + 2\times 4 = -2$, $\widehat{\beta}_0 = \overline{y} - \widehat{\beta}_1\overline{x}_1 - \widehat{\beta}_2\overline{x}_2 = 3 - 4\times 2 - (-2)\times 2 = 3$

演 2-8 $y = -2916.04 - 4.384x_1 + 486.9x_2$，$R^2 = 0.96$, $(R^*)^2 = 0.948$

演 2-9 ① 偏 ② S^{22} ③ $\overline{y}$ ④ 2 ⑤ S_T ⑥ 重相関係数

演 2-10

	S	ϕ	V	F
R	5415231779.38	2	2707615889.7	83.655
e	226565226.62	7	32366460.95	
T	5641797006	9		

$R^2 = \frac{S_R}{S_T} = 0.96$

演 2-11 $y = -95.50583 + 0.19345x_1 + 1.79849x_2$，$F_0 = 128.59 > F(2,8;0.01) = 8.65$ より，モデルは有効である。なお，寄与率は $R^2 = 0.9698$ である。

演 2-12 ⑦ V_e

演 2-13 ① $|t_0| = |-1.099|/\sqrt{17.06\times 2.447} = 0.170 < t(7,0.10) = 1.895$ より，有意でない。つまり，世帯人員は支出に影響があるとはいえない。② $-1.099\pm 2.365\times\sqrt{17.06\times 2.447} = -16.38 \sim 14.18$

演 2-14 $\widehat{f}_0 = \widehat{y}_0 = 2.664$，　回帰式の信頼区間 $-43.925 \sim 49.252$ ，データの予測値の信頼区間 $-81.366 \sim 86.694$。なお，マハラノビスの汎距離は $D_0^2 = 3.529$ である。

3章

演 3-1 $V = \begin{pmatrix} 349.238 & 409.595 \\ 409.595 & 520.905 \end{pmatrix}$

固有値は，$\lambda_1 = 853.56$，$\lambda_2 = 16.58$ で，対応する固有ベクトルはそれぞれ，$(0.6304, 0.7762)$, $(0.7762, -0.6304)$ で，主成分負荷量は $r(f_1,x_1) = 0.9855$, $r(f_1,x_2) = 0.9936$,　$r(f_2,x_1) = 0.1691, r(f_2,x_2) = -0.1125$ である。そこで，第 1 主成分は数学とも物理とも相関が高く，論理・数理的な能力をあらわす量と考えられる。$\cdots$ また，各主成分の寄与率は，98.09%, 1.91% より，第 1 主成分で，データのバラツキはほぼ説明される。

演 3-2

$$V = \begin{pmatrix} 5604.909 & 3579.182 & 1682.636 \\ & 3608.242 & 1904.424 \\ sym. & & 4033.333 \end{pmatrix}$$

固有値は，$\lambda_1 = 9470.446$，$\lambda_2 = 2988.217$，$\lambda_3 = 787.820$，対応する固有ベクトルはそれぞれ，

$$\begin{pmatrix} 0.7084 \\ 0.5684 \\ 0.4183 \end{pmatrix}, \begin{pmatrix} -0.4564 \\ -0.0823 \\ 0.8857 \end{pmatrix}, \begin{pmatrix} -0.5379 \\ 0.8186 \\ -0.2015 \end{pmatrix}$$

主成分負荷量は

$r(f_1, x_1) = 0.9208$, $r(f_1, x_2) = 0.9209$, $r(f_1, x_3) = 0.6410$, $r(f_2, x_1) = -0.3332$, $r(f_2, x_2) = -0.0749$, $r(f_2, x_3) = 0.7624$, $r(f_3, x_1) = -0.2017$, $r(f_3, x_2) = 0.3825$, $r(f_3, x_3) = -0.0891$.

各主成分の寄与率は，71.49%, 22.56%, 5.95%

そこで，第 1 主成分は，穀物および豆類との相関が高く，肉類との相関はそれに比べやや低いので，農業生産力を表す量であろう。$\cdots$

演 3-3 $V =$

$$\begin{pmatrix} 0.238 & 0 & -0.119 & 0.119 & -0.095 \\ & 0.667 & 0.167 & -0.5 & -0.5 \\ & & 0.143 & -0.143 & -0.119 \\ & & & 1.143 & 0.452 \\ sym. & & & & 0.571 \end{pmatrix}$$

$\lambda_1 = 1.844$, $\lambda_2 = 0.5199$, $\lambda_3 = 0.2907$, $\lambda_4 = 0.0953$, $\lambda_5 = 0.0125$,

$$\begin{pmatrix} 0.0354 \\ -0.5167 \\ -0.1447 \\ 0.7038 \\ 0.4642 \end{pmatrix}, \begin{pmatrix} 0.4384 \\ 0.4271 \\ -0.0254 \\ 0.6143 \\ -0.4974 \end{pmatrix}, \begin{pmatrix} 0.6677 \\ -0.3735 \\ -0.5348 \\ -0.3374 \\ -0.1217 \end{pmatrix},$$

$$\begin{pmatrix} 0.1480 \\ 0.6407 \\ -0.3831 \\ -0.0428 \\ 0.6437 \end{pmatrix}, \begin{pmatrix} 0.5821 \\ -0.0247 \\ 0.7387 \\ -0.1075 \\ 0.3214 \end{pmatrix}$$

主成分負荷量は

$r(f_1, x_1) = 0.0985$, $r(f_1, x_2) = -0.8592$, $r(f_1, x_3) = -0.5198$, $r(f_1, x_4) = 0.8939$, $r(f_1, x_5) = 0.8338$, $r(f_2, x_1) = 0.6478$, $r(f_2, x_2) = 0.3772$, $r(f_2, x_3) = -0.0484$, $r(f_2, x_4) = 0.4143$, $r(f_2, x_5) = -0.4745$.

各主成分の寄与率は，66.75%, 18.82%, 10.52%, 3.45%, 0.45%.

そこで，第 1 主成分は，車の広さ，インテリアセンス，燃費との相関が高く，動力性能との相関は殆どないので，実利とセンスを表す量であろう。$\cdots$

演 3-4 $R = \begin{pmatrix} 1 & 0.5775 & 0.1834 \\ & 1 & 0.6210 \\ sym. & & 1 \end{pmatrix}$

$\lambda_1 = 1.945$, $\lambda_2 = 0.8171$, $\lambda_3 = 0.2383$

$$\begin{pmatrix} 0.5131 \\ 0.6681 \\ 0.5389 \end{pmatrix}, \begin{pmatrix} 0.7347 \\ -0.0173 \\ -0.6782 \end{pmatrix}, \begin{pmatrix} -0.4437 \\ 0.7439 \\ -0.4997 \end{pmatrix}$$

主成分負荷量は

$r(f_1, x_1) = 0.7155$, $r(f_1, x_2) = 0.9316$, $r(f_1, x_3) = 0.5389$, $r(f_2, x_1) = 0.6641$, $r(f_2, x_2) = -0.0156$, $r(f_2, x_3) = -0.6130$, $r(f_3, x_1) = -0.2166$, $r(f_3, x_2) = 0.3632$, $r(f_3, x_3) = -0.2440$. 各主成分の寄与率は，64.82%, 27.24%, 7.94%.

そこで，第 1 主成分は，身長と体重との相関が高く，胸囲との相関はそれに比べやや低いので，外観で特に目立つ体の大きさを表す量であろう。$\cdots$

演 3-5 $R = \begin{pmatrix} 1 & 0.5017 & 0.0755 \\ & 1 & 0.8456 \\ sym. & & 1 \end{pmatrix}$

$\lambda_1 = 2.018$, $\lambda_2 = 0.9339$, $\lambda_3 = 0.0486$

$$\begin{pmatrix} 0.3874 \\ 0.6947 \\ 0.6061 \end{pmatrix}, \begin{pmatrix} 0.8607 \\ -0.0371 \\ -0.5077 \end{pmatrix}, \begin{pmatrix} -0.3302 \\ 0.7184 \\ -0.6123 \end{pmatrix}$$

主成分負荷量は

$r(f_1, x_1) = 0.5503$, $r(f_1, x_2) = 0.9867$, $r(f_1, x_3) = 0.8608$, $r(f_2, x_1) = 0.8318$, $r(f_2, x_2) = -0.0358$, $r(f_2, x_3) = -0.4907$, $r(f_3, x_1) = -0.0728$, $r(f_3, x_2) = 0.3158$, $r(f_3, x_3) = -0.1350$. 主成分の寄与率は，

61.25%,31.13%,1.62%.

そこで，第 1 主成分は，反復横跳びと垂直跳びとの相関が高く，握力との相関はそれに比べやや低いので，敏捷性を表す量であろう。$\cdots$

演 3-6 $R = \begin{pmatrix} 1 & 0.0465 & 0.1838 \\ & 1 & 0.8655 \\ sym. & & 1 \end{pmatrix}$

$\lambda_1 = 1.8953$, $\lambda_2 = 0.9811$, $\lambda_3 = 0.1236$

$\begin{pmatrix} 0.1800 \\ 0.6885 \\ 0.7025 \end{pmatrix}, \begin{pmatrix} 0.9773 \\ -0.2064 \\ -0.0480 \end{pmatrix}, \begin{pmatrix} 0.1120 \\ 0.6952 \\ -0.7100 \end{pmatrix}$

主成分負荷量は

$r(f_1, x_1) = 0.2478$, $r(f_1, x_2) = 0.9479$, $r(f_1, x_3) = 0.9672$, $r(f_2, x_1) = 0.9680$, $r(f_2, x_2) = -0.2045$, $r(f_2, x_3) = -0.0476$, $r(f_3, x_1) = 0.0394$, $r(f_3, x_2) = 0.2444$, $r(f_3, x_3) = -0.2496$. 各主成分の寄与率は，63.175%,32.705%,4.12%，そこで，第 1 主成分は，ホームラン数と打点との相関が高く，打率との相関はそれに比べやや低いので，長打力を表す (スラッガーである) 量であろう。$\cdots$

4章

演 4-1 等分散の検定 $\mathrm{H}_0{:}\sigma_1^2 = \sigma_2^2, \mathrm{H}_1{:} \sigma_1^2 \neq \sigma_2^2$ では棄却されず，等分散とみなす。そこで線型判別関数が $f = -76.1718+0.46489x$ となる。マハラノビスの汎距離 $D^2 = 5.6251$ である。また, 誤判別の確率は 0.2(男性を女性とする) と 0.1(女性を男性とする) と推定される。

演 4-2 変数として脂質を追加して，等分散の検定 $\mathrm{H}_0{:}\Sigma_1 = \Sigma_2, \mathrm{H}_1{:}\Sigma_1 \neq \Sigma_2$ を行う。検定統計量 $\chi_0^2 = 23.8088$ で有意確率は 0.0006 で 1%有意である。そこで等分散とみなされず，次の 2 次の判別関数により判別する。

$$f = 12.71169 - 3.24426x_1 - 0.67061x_2 + 5.8456x_3 + (x_1, x_2, x_3) \begin{pmatrix} 6.614 & -0.394 & -4.529 \\ & 0.033 & 0.206 \\ sym. & & 4.046 \end{pmatrix} \begin{pmatrix} x_1 \\ x_2 \\ x_3 \end{pmatrix}$$

誤判別の確率は 0(1 群を 2 群とする) と 0.125(2 群を 1 群とする) と推定される。

演 4-3 等分散の検定 $\mathrm{H}_0{:}\sigma_1^2 = \sigma_2^2, \mathrm{H}_1{:} \sigma_1^2 \neq \sigma_2^2$ の検定，検定統計量 $F_0 = V_1/V_2 = 1.643 < F(9,9;0.10) = 2.44$ より有意水準 20%で棄却されない。そこで等分散とみなして，判別関数は $f = 20.46 + 0.449x$, マハラノビスの汎距離 $D^2 = 3.0094$，誤判別の確率は 0.1(1 群を 2 群とする) と 0.1(2 群を 1 群とする) と推定される。

演 4-4 等分散性の検定 $\chi_0^2 = 47.3825 > 11.34 = \chi^2(3, 0.01)$ より等分散とみなせない。そこで 2 次の判別関数 $f = -434.154 + 40.783x_1 + 10.779x_2 - 0.9376x_1^2 - 0.5898x_1x_2 + 0.0098x_2^2$ による判別結果での誤判別の確率は 0(1 群を 2 群とする) と 0(2 群を 1 群とする) と推定される。

索　引

ア行

あてはまりの良さ 54
因子負荷量 120
因子分析 4,8,9
AIC 105
Excel 158
F 分布 28

カ行

回帰診断 96
回帰直線 48
回帰分析 4,8,9,41
回帰平方和 54,79
外的基準 6
カイ 2 乗分布 27
偏り (カタヨリ) 2,102,103
間隔尺度 3
感度分析 100
記述統計 2
偽相関 31
級間変動 64
級内変動 64
共分散 17
　── 構造分析 5,8,9
　── 分析 4,8,9
寄与率 54,56,78
クックの *D* 101
クラスター分析 4,8,9
群間変動 137,139
群内変動 137,139
決定係数 54,78
合成変量 22,106
コクランの検定 99
誤判別 147
固有値 116
　── 問題 116
固有ベクトル 116

サ行

最小 2 乗法 46
残　差 52,77
　── 分析 96
　── 平方和 55,79
散布図 29
サンプル 1
閾　値(シキイチ) 149
事前確率 147
質的データ 3
シート 158
射影行列 100
重回帰式 69,74
重回帰モデル 42,69
重相関係数 55,79,80
自由度調整済寄与率 . . . 81
自由度調整済
　重相関係数 81
主成分 115
　── 得点 118
　── 負荷量 118
　── 分析 4,8,9
　── 分析法 106
順序尺度 3
推測統計 2
数学/三角関数 165
数量化 I 類 4,8,9
数量化 II 類 4,8,9
数量化 III 類 4,8,9
数量化 IV 類 4,8,9
正規性 43
正規分布 26
正規方程式 72
正準相関分析 4,8,9
z(ゼット)　変換 35
説明変数 5
セ　ル 158
零仮説の検定 57,87
潜在構造分析 4,8,9
全平方和 79
総当たり法 104
相関行列 19
相関係数 18,31
相関比 139
相関分析 29
総平方和 54

タ行

多次元尺度解析法 . . . 4,8,9
多重共線性 101
ダービン・ワトソン比 . 97
単回帰分析 42
単回帰モデル 42
逐次選択法 104
てこ比 101
データ行列 10
t 分布 28
統計関数 164
等分散性 43
　── の検定 151
特性方程式 117
独立性 43

ナ行

内　積 13

ハ行

パス解析 5,8,9
バートレットの検定 . . 100
ハートレーの検定 99
バラツキ 2,102
判別関数 133
判別得点 140
判別分析 4,8,9,133
非線形回帰モデル 42
標準化 26
　── 残差 59,97
標準偏回帰係数 75
標準偏差 16
比例尺度 3
PSS 105
フィッシャーの
　線形判別関数 . . 140,149
ブック 159
不偏性 43

ブレーンストーミング . . 6
分　散 15
　—— 拡大要因 101
　—— 共分散行列 17
分析ツール 161
VBA 166
平　均 15
ベイズ判別ルール 148
ベキ乗法 132
偏回帰係数 69,81,89
偏差積和行列 16
偏差平方和 15
変数指定法 104
変数選択 104,105
偏相関係数 81
母回帰係数 43
母集団 1
母切片 43
ボックスの M 検定 . . . 150

マ行

マクロ 167,168
マハラノビスの
　汎距離 94,143,151
マルチコ 101
マローズ 105
名義尺度 3
目的変数 5

ヤ行

ヤコビ法 132,172
4M1H 7

ラ行

量的データ 3
累積寄与率 118
レベレッジ 101

著者紹介

長畑（ながはた） 秀和（ひでかず）

1979年　九州大学大学院理学研究科修士課程修了
現　在　岡山大学経済学部教授，理学博士
著　書　情報科学へのステップ（共著・共立出版）
　　　　統計学へのステップ（共立出版）

多変量解析へのステップ

2001年10月25日　初版1刷発行
2016年5月25日　初版5刷発行

検印廃止
NDC 350, 417

ISBN978-4-320-01685-9

著　者　長畑秀和　© 2001
発行者　南條光章
発行所　**共立出版株式会社**
東京都文京区小日向4丁目6番19号
電話 東京(03)3947-2511番（代表）
郵便番号 112-0006
振替口座 00110-2-57035番
URL　http://www.kyoritsu-pub.co.jp/

印刷所
製本所　藤原印刷

一般社団法人
自然科学書協会
会員

Printed in Japan

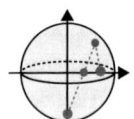